福建省"十四五"普通高等教育本

有机化学
实验指导

第三版

主　编　王　津

副主编　林友文　周孙英

编　委（以姓氏笔画为序）

王　艰　王　津　刘　洋　许秀枝

苏燕评　陈　艳　陈莉敏　林　晨

林　媚　林友文　周孙英　柯　方

厦门大学出版社
XIAMEN UNIVERSITY PRESS

国家一级出版社
全国百佳图书出版单位

图书在版编目(CIP)数据

有机化学实验指导 / 王津主编. -- 3 版. -- 厦门：
厦门大学出版社，2024.7. -- ISBN 978-7-5615-9419-3

Ⅰ. O62-33

中国国家版本馆 CIP 数据核字第 2024K7H968 号

责任编辑　眭　蔚
美术编辑　蒋卓群
技术编辑　许克华

出版发行　厦门大学出版社

社　　址　厦门市软件园二期望海路 39 号

邮政编码　361008

总　　机　0592-2181111　0592-2181406(传真)

营销中心　0592-2184458　0592-2181365

网　　址　http://www.xmupress.com

邮　　箱　xmup@xmupress.com

印　　刷　厦门市金凯龙包装科技有限公司

开本　720 mm×1 020 mm　1/16

印张　11.75

字数　200 千字

版次　2013 年 11 月第 1 版　2024 年 7 月第 3 版

印次　2024 年 7 月第 1 次印刷

定价　32.00 元

本书如有印装质量问题请直接寄承印厂调换

厦门大学出版社
微信二维码

厦门大学出版社
微博二维码

第三版前言

　　有机化学是一门实践性很强的学科,有机化学实验对培养医药专业学生的基本实践技能、科研素质和创新能力起着至关重要的作用。从 2013 年本教材第一版面世至今已过 11 年,现根据教学需要对第二版进行一定幅度的调整、修订和增补。此次修订的目的是提高教材的质量,使内容更系统、丰富,尽可能引入新技术、新方法,体现学科的发展,使之更加适合教学的需要。本教材保留上一版教材的编写特色,对上一版教材的部分文字表达进行了精炼,对个别错误进行了修订;优化教材体系,取消"综合性实验"章节,增加"天然产物的提取及分离"和"设计性实验"章节;增加部分实验内容,有机化合物的制备(合成)实验增加至 20 个,天然产物的提取及分离实验增加至 7 个,设计性实验增加至 3 个;附录中还增补了一些与有机化学实验相关的参数,供学生查阅。将化学绘图软件(ChemDraw)引入教材,让学生能用计算机作为化学学习和交流的工具。

　　本教材共分为六章,第一章为有机化学实验基础知识,第二章为有机化学实验基本操作,第三章为物理常数的测定与模型操作,第四章为有机化合物的制备,第五章为天然产物的提取及分离,第六章为设计性实验。大多实验后附有注解和思考题,以便学生预习,掌握关键性操作及方法。

　　本教材可供高等医药院校药学、临床药学、临床医学、预防、口腔、检验、影像、麻醉、放射等本科专业使用,也可供八年制"5+3"一体化学生使用。

　　参加本教材编写的教师均为福建医科大学药学院长期从事有机化学实验教学的教师。限于编者的水平,书中难免有错漏及不足之处,恳请读者提出意见,进行批评指正。

编　者

2024 年 6 月

目　录

第一章　有机化学实验基础知识

1-1　有机化学实验室规则

　　为了保证实验的顺利进行,培养严谨的科学态度和良好的实验习惯,学生必须遵守下列实验室规则。

　　(1)实验前,必须做好预习,明确实验目的,熟悉实验原理和实验步骤。未预习不得进行实验。

　　(2)实验开始前,首先检查仪器是否完整无损,仪器如有缺损,应及时补领登记。再检查仪器是否干净(或干燥),如有污物,应洗净(或干燥)后方可使用,否则会给实验带来不良影响。

　　(3)实验时,要仔细观察现象,积极思考问题,严格遵守操作规程,实事求是地做好实验记录。

　　(4)实验时,要严格遵守安全守则与每个实验的安全注意事项。一旦发生意外事故,应立即报告教师,采取有效措施,迅速排除事故。

　　(5)实验室内应保持安静,不得谈笑,擅离岗位。不许将与实验无关的物品、书报带入实验室,严禁在实验室吸烟、饮食。

　　(6)服从教师和实验室工作人员的指导,有事要先请假,必须取得教师同意后,方能离开实验室。仪器装置安装完毕,要请教师检查合格后,方能开始实验。

　　(7)实验时,要保持台面和地面的整洁,实验中暂时不用的仪器不要摆放在台面上,以免碰倒损坏。沸石、滤纸等应放入废物桶中,不得丢入水槽或扔在地上。废酸、酸性反应残液应倒入指定容器中,严禁倒入水槽。实验完毕,应及时将仪器洗净,并放置于指定的位置。

　　(8)要爱护公物,节约药品,养成良好的实验习惯。要爱护和保管好发给的实验仪器,不得将仪器携出室外,如有损坏,要填写破损单,经指导教师签署意见后,凭原物领取新仪器。要节约用水、电及消耗性药品。要严格按照规定称量或量取药品,使用药品不得乱拿乱放,药品用完后,应盖好瓶盖放回原处。公用的工具使用后,应及时放回原处。

(9)学生轮流值日,打扫、整理实验室。值日生应负责打扫卫生,整理试剂架上的药品(试剂)与公共器材,倒净废物桶并检查水、电、窗是否关闭。

(10)实验完毕,及时整理实验记录,写出完整的实验报告,按时交教师审阅。

1-2 有机化学实验室安全

有机化学实验所用药品种类繁多,多数易燃、易爆、有毒和有腐蚀性,使用不当就可能发生着火、中毒、烧伤、爆炸等事故。实验中所用仪器大部分是玻璃制品,加之燃气、电气设备等,增加了潜在危险性。但是如有适当的预防措施,实验者又具有实验基本常识及注重安全操作,掌握正确操作规程,遵守有机实验规则,事故的发生是完全可以避免的。

一、有机化学实验室安全守则

(1)实验者进入实验室,首先了解、熟悉实验室电闸、燃气开关、水开关及安全用具如灭火器、沙箱、石棉布等放置地点及使用方法。不得随意移动安全用具的位置。

(2)实验开始前,应仔细检查仪器有无破损,装置是否正确、稳妥。

(3)实验室常用的易燃溶剂如乙醇、乙醚、二硫化碳、石油醚、苯、甲苯、丙酮、乙酸乙酯以及其他易燃液体,切勿在敞口容器中加热,要根据溶剂性质采用正确加热方法。

易燃有机溶剂,特别是低沸点易燃溶剂,在室温时即具有较大的蒸气压,当空气中混杂易燃有机溶剂的蒸气达到某一极限时,遇有明火(甚至是因电器开关产生的火花,或由于静电摩擦、敲击引起火花)即发生爆炸,且有机溶剂蒸气较空气的密度大,会沿着火面或地面飘移或沉积在低处,因此切勿将易燃溶剂倒入废物缸中。实验室内不要存贮过量易燃有机溶剂,要防止冰箱电火花引爆而发生大面积着火、爆炸。蒸馏易燃溶剂时,装置要防止易燃蒸气泄漏,接收器支管应与橡皮管相连,使余气顺水槽排出。需要时,在通风橱内操作。

切记:加热易挥发液要远离明火且尽可能不用明火,这是防火最基本的原则,如必须用明火时,应注意选择适合的加热浴,根据反应液沸点的高低选择油浴、水浴、石棉网等。

(4)常压操作,仪器装置中需有通向大气的装置,切不可加热密闭系统,否则会使其体系压力增加而导致爆炸。

(5)实验进行过程中,必须戴好防护镜,切勿使腐蚀性药品或灼烧溶剂及药物溅入眼睛。在量取化学药品时应将量筒置于实验台上,慢慢加入液体,不要接近眼睛。一旦溅入应立刻用大量水冲洗并及时送医院治疗。

(6)割伤是实验室中经常发生的事故,常在拉制玻璃管或安装仪器时发生。当割伤时,首先应检查伤口处有无玻璃屑,如有,要将其取出,再用水洗净伤口,涂以碘酒或红汞药水,用纱布包扎,不要使伤口接触化学药品引起中毒。

(7)使用有毒药品(如苯、硝基苯、联苯胺、亚硝基化合物等)和有腐蚀性药品时,要戴胶皮手套和防护眼镜。对挥发性有毒药品,使用时一定要在通风橱内操作,任何药品不能用口尝!

(8)使用电器时,应防止人体与电器导线部分直接接触,不能用湿的手或手握湿物接触电插头。为防止触电,装置和设备的金属外壳等都应连接地线。实验结束,应先关仪器电源开关,再拔下插头。如万一发生触电,应立即切断电源或用非导电物使触电者脱离电源,然后对触电者进行人工呼吸并立即送医院抢救。

二、防火

一旦发生着火事故,不要惊慌失措,首先应立即关闭燃气,拉下电闸,切断电源,迅速移去着火现场周围的易燃物。通常不用水灭火,防止化合物遇水发生反应引起更大事故。仪器内着火时,最好用大块石棉布将火熄灭,严防用沙土救火,以免打破玻璃仪器,造成火势更大范围蔓延。小火可用湿布或石棉布盖熄。如着火面积大,应根据具体情况采用以下灭火器材:

1. 二氧化碳灭火器

二氧化碳灭火器是有机实验室常用的一种灭火器。钢筒内装有压缩的液态二氧化碳,使用时打开开关,二氧化碳气体即会喷出,用以扑灭有机物及电气设备的着火。使用时正确操作的方法是,一手提灭火器,另一手应握在灭火器喇叭筒的把手上,不可将手握在喇叭筒上,因随着二氧化碳的喷出,压力骤然降低,温度也骤降,手握在喇叭筒上会冻伤。

2. 四氯化碳灭火器

四氯化碳灭火器用于扑灭电器内或电器附近的着火。油浴用四氯化碳灭火在高温时会产生剧毒的光气,因而不宜在狭小和通风不良的实验室中应用;由于四氯化碳与金属钠反应会引起爆炸,有金属钠存在时,也不宜使用。使用该灭火器时只需连续抽动气筒,四氯化碳即会由喷嘴喷出。

无论使用何种灭火器,均应从着火的四周开始向中心扑灭。

如果衣服着火,切勿惊慌乱跑,引起火焰扩大,应迅速脱下衣服将火扑灭,或用厚外套、石棉布裹紧,使火熄灭,严重者应立即躺在地上(以免火焰烧向头部)打滚将火熄灭,或就近打开自来水龙头用水灭火。

三、防烧伤

触及有腐蚀性化学药品(如强酸、强碱、溴等)均可使皮肤烧伤,应根据以下不同情况分别给予处理,严重者应立即送医院治疗。

1. 浓酸烧伤

立即用大量水冲洗,然后用 3‰～5‰ 碳酸氢钠溶液洗,并涂烫伤软膏。

2. 浓碱烧伤

立即用大量水冲洗,再以 1‰～2‰ 硼酸溶液洗涤,最后用水洗,并涂烫伤软膏。

3. 溴烧伤

溴引起的灼伤特别严重,应立即用大量水冲洗,冲洗后,用酒精擦洗至无溴液,然后再涂以鱼肝油软膏。

4. 玻璃烫伤

如被灼热的玻璃烫伤,应在患处涂以红花油,然后擦一些烫伤软膏。

四、防中毒

化学品溅入口中应立即用大量水冲洗口腔,如误吞化学品,应根据毒物性质给以解毒剂,并立即送医院。

1. 腐蚀性的毒物

对于强酸,先饮大量水,然后服用氢氧化铝膏、鸡蛋白;对于强碱,也应先饮大量水,然后服用醋、酸果汁、鸡蛋白。不论酸或碱中毒皆应灌注牛奶,不要吃呕吐剂。

2. 具有刺激神经性毒物

先大量饮用牛奶或鸡蛋白使之立即冲淡和缓解,再用一大勺硫酸镁(约30 g)溶于一杯水中催吐。有时也可用手指伸入喉部促使呕吐,并立即送医院。

3. 剧毒气体

吸入剧毒气体中毒者,立即将中毒者移至室外,揭开衣领及纽扣,根据吸入中毒气体类别给予处理。例如,吸入少量氯气或溴者,可用碳酸氢钠溶液漱口。

五、实验室急救物品

为处理事故需要,实验室应备有急救箱,必备以下一些物品:

(1)绷带、纱布、脱脂棉花、橡皮膏、医用镊子、剪刀等。

(2)凡士林、创可贴、玉树油或鞣酸油膏、烫伤油膏及消毒剂等。

(3)醋酸溶液(2%)、硼酸溶液(1%)、碳酸氢钠溶液(1%及饱和)、医用酒精、甘油、红汞、龙胆紫等。

1-3　实验室废弃物的处理

鉴于化学试剂的特殊性,有机化学实验过程中所产生的相关废弃物必须经特殊处理才能进入环境。相关处理方式如下:

(1)反应、加热、蒸馏过程中所产生的不能冷凝的废气,排入通风橱前要进行吸收或其他处理,以免污染空气。

(2)无机酸类废液需缓慢倒入过量的碳酸钠或氢氧化钙水溶液中。

(3)氢氧化钠、氨水废液需用 $6\ mol\cdot L^{-1}$ 盐酸中和。

(4)含氰根离子废液需要加入氢氧化钠使 pH 在 10 以上,然后加入过量3%高锰酸钾溶液,使其氧化分解。如含量高,可加入过量的次氯酸钙和氢氧化钠溶液。

(5)简单有机废液按是否含有卤素分类处理,废液桶尽量不要密封,也不能装太满(容积3/4即可)。

1-4 有机化学实验常用玻璃仪器

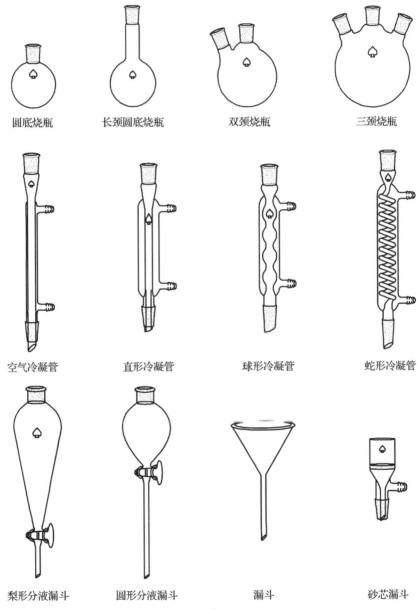

圆底烧瓶　　　　长颈圆底烧瓶　　　　双颈烧瓶　　　　　三颈烧瓶

空气冷凝管　　　直形冷凝管　　　　球形冷凝管　　　　蛇形冷凝管

梨形分液漏斗　　圆形分液漏斗　　　　漏斗　　　　　　砂芯漏斗

常压滴液漏斗　　　恒压滴液漏斗　　　抽滤瓶　　　提取筒

变径接头　　　标准接头　　　蒸馏头　　　分馏头

二口接管　　　蒸馏弯头　　　真空接引管　　　接引管

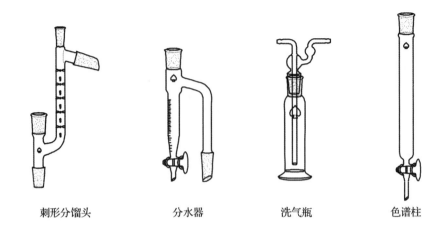

刺形分馏头　　　　分水器　　　　洗气瓶　　　　色谱柱

1-5 玻璃仪器的洗涤与干燥

仪器的洗涤与干燥是化学实验中最基本的一种操作。仪器洗涤与干燥是否符合要求,直接影响实验结果的准确性和可靠性,所以实验前必须将仪器洗涤干净。仪器用过之后要及时清洗干净,避免残留物质固化,造成洗涤困难。

一、玻璃仪器的洗涤

1. 洗涤液的选择

洗涤玻璃仪器时,应根据实验要求、污物的性质及污染程度合理选用洗涤液。实验室常用的洗涤液有以下几种。

(1)水。水是最普通、最廉价、最方便的洗涤液,可用来洗涤水溶性污物。

(2)热肥皂液和合成洗涤剂。热肥皂液和合成洗涤剂是实验室常用的洗涤液,洗涤油脂类污垢效果较好。

(3)铬酸洗液。铬酸洗液由等体积的浓硫酸与饱和重铬酸钾溶液混合配制而成,它的强氧化性足以除去玻璃器壁上的有机物和油垢。对于前述洗法仍洗不净的仪器可用铬酸洗液先浸后洗进行清洗。对一些管细、口小、毛刷不能刷洗的仪器,采取这种洗法效果较好。用铬酸洗液清洗时,先用洗液将玻璃仪器浸泡一段时间,对口小的仪器可先往仪器内加入量为仪器容积 1/5 的洗液,然后将其倾斜并慢慢转动仪器,目的是让洗液充分浸润仪器内壁,再将洗液倒出。如果仪器污染程度很重,采用热洗液效果会更好些,但加热洗液时,要防止洗液溅出,洗涤时也要格外小心,防止洗液外溢,以免灼伤皮肤。铬酸洗液具有强腐蚀性,使用时不能用毛刷蘸取洗液刷洗仪器。如果不慎将洗液洒在衣物、皮肤或桌面时,应立即用水冲洗。

铬酸洗液用后,应倒回原瓶,可反复多次使用。多次使用后,铬酸洗液会变成绿色,这时洗液已不具有强氧化性,不能再继续使用。废的铬酸洗液应倒在废液缸里,不能倒入水槽,以免腐蚀下水道和污染环境。

(4)有机溶剂。乙醇、乙醚、丙酮、汽油、石油醚等有机溶剂均可用来洗涤各种油污。但有机溶剂易着火,有的甚至有毒,使用时应注意安全。

(5)实验室专门准备的酸缸或碱缸。酸缸使用 pH 大于 1 的单酸或混酸均可,碱缸使用氢氧化钠(钾)的乙醇浓溶液。

2. 洗涤的一般程序

洗涤玻璃仪器时,通常先用自来水洗涤,不能奏效时再用肥皂液、合成洗涤剂等刷洗,仍不能除去的污物,应采用其他洗涤液洗涤。洗涤完毕后,用自来水冲洗干净即可。对于用于精制或有机分析用的器皿,除用上述方法处理外,还需用少量蒸馏水淋洗 2~3 次。玻璃仪器是否洗净的标志是:加水倒置,水顺着器壁流下,内壁被水均匀润湿,有一层既薄又均匀的水膜,不挂水珠。

3. 洗涤方法

洗涤玻璃仪器时,可采用下列几种方法。

(1)振荡洗涤。振荡洗涤又叫冲洗法,是利用水把可溶性污物溶解而除去。往玻璃仪器中注入少量水,用力振荡后倒掉,连洗数次。

(2)刷洗法。玻璃仪器的洗涤,一般是用毛刷和去污粉或洗衣粉刷洗器壁,直至污物除去为止,再用自来水清洗。毛刷有不同形状和型号,可根据仪器的形状、大小选用。洗涤时,要注意不要让毛刷的铁丝摩擦仪器磨口。毛刷够不到的地方,可将毛刷的铁丝柄适当弯曲,直到可以刷到污物为止。有时去污粉的微粒会黏附在器壁上不易被水冲走,此时可用 1%~2% 盐酸摇洗一下,再用自来水清洗。

(3)浸泡洗涤。对不溶于水,刷洗也不能除掉的污物,可利用洗涤液与污物反应转化成可溶性物质除去。如已知瓶中残渣为碱性时,可用稀盐酸或稀硫酸溶解;残渣为酸性时,可用稀氢氧化钠溶液除去;已知残渣溶于某种常用溶剂时,可用适量该溶剂溶解除去;也可先在酸缸或碱缸中浸泡后水洗[1];或先把仪器中的水倒尽,倒入少量洗液,转几圈使仪器内壁全部润湿,再将洗液倒入洗液回收瓶中,用自来水冲洗和去离子水润洗。用洗液浸泡一段时间效果更好。

(4)砂芯玻璃滤器在使用后必须立即清洗,针对滤器砂芯中残留的不同沉淀物采用适当的洗涤剂,先溶解砂芯表面沉淀的固体,然后用减压抽洗法反复用洗涤剂把砂芯中残存的沉淀物全部抽洗掉,再用蒸馏水冲洗干净,于110 ℃烘干,保存在防尘的柜子中。

(5)超声波清洗仪清洗。利用超声波振动除去污物,可清洗不适合洗液清洗的仪器。往超声波清洗仪中注入清水,加入少量洗涤剂,放入待清洗的仪器,根据仪器的污秽程度确定超声仪清洗时间,最后用自来水将仪器漂洗干净。

有机化学实验反应种类繁多而复杂,应根据实验的具体情况采用各种手段清洗。用于某些特殊实验或供有机分析用的仪器,除用上述洗涤方法处理外,需要用蒸馏水清洗,以除去自来水冲洗时带入的杂质。

二、玻璃仪器的干燥

实验室中往往需要洁净干燥的玻璃仪器,将玻璃仪器洗涤干净后,要采取合适的方法对玻璃仪器进行干燥。玻璃仪器的干燥一般采取下列几种方法。

1. 晾干

对不急于使用的仪器,洗净后将仪器倒置在格栅板上或实验室的干燥架上,让其自然干燥。

2. 烤干

烤干是通过加热使仪器中的水分迅速蒸发而干燥的方法[2]。加热前先将仪器外壁擦干,然后用小火烘烤。烧杯等放在石棉网上加热,试管用试管夹夹住,在火焰上来回移动,试管口略向下倾斜,直至除去水珠后再将管口向上赶尽水汽。

3. 吹干

将仪器倒置沥去水分,用电吹风的热风或气流烘干玻璃仪器。

4. 快干(有机溶剂法)

在洗净的仪器内加入少量易挥发且能与水互溶的有机溶剂(如丙酮、乙醇等)[3-4],转动仪器使仪器内壁湿润后,倒出混合液(回收),然后晾干或吹干。

一些不能加热的仪器(如比色皿等)或急需使用的仪器可用此法干燥。

5. 烘干

将洗净的仪器控去水分,放在电烘箱的搁板上,温度控制在 105～110 ℃烘干。

仪器干燥中,最简单的方法是倒置晾干,也可倒置在气流烘干器上烘干。对于严格无水实验,可将仪器放入烘箱中进一步烘干。但要注意,带活塞的仪器放入烘箱时,应将塞子拿开,以防磨口和塞子受热发生粘连。有机溶剂蒸气易燃、易爆,不宜把带有有机溶剂的仪器放入烘箱。烘箱烘干的仪器应待其在烘箱中自然冷却后再取出使用,如果热时取出,冷却时容易在器壁上凝结水汽。

三、注解与注意事项

[1]在酸缸、碱缸进行任何操作时都要戴耐酸碱的橡胶手套,一旦沾到皮肤,立即用大量水冲洗。在使用酸缸、碱缸发现无法溶解杂质时,先交换浸泡,若大量仪器中的杂质都无法溶解,则需要更换酸液或碱液。

[2]带有精密刻度的计量容器不能用加热方法干燥,否则会影响仪器的精度,可采用晾干或冷风吹干的方法干燥。

[3]不允许盲目使用各种试剂和有机溶剂来清洗仪器,这样不仅浪费,而且还会带来危险。

[4]马上要使用的仪器,可将水尽量沥干,然后用少量丙酮或乙醇摇洗,用吹风机吹干。

1-6 有机化学实验预习、记录及报告书写要求

一、实验预习

为了做好实验、避免事故,在实验前必须对所要做的实验有尽可能全面和深入的认识。这些认识包括实验的目的要求,实验原理(化学反应原理和操作原理),实验所用试剂及产物的物理、化学性质和规格用量,实验所用的仪器装置,实验的操作程序和操作要领,实验中可能出现的现象和可能发生的事故等。为此,需要认真阅读实验的有关章节(含理论部分、操作部分),查阅适当

的手册,作出预习笔记。预习笔记也就是实验提纲,包括实验名称、实验目的、实验原理、主要试剂和产物的物理常数、试剂规格用量、装置示意图和操作步骤。在操作步骤的每一步后面都需留出适当的空白,以供实验时作记录之用。

二、实验记录

在实验过程中应认真操作,仔细观察,勤于思索,同时应将观察到的实验现象及测得的各种数据及时真实地记录下来。由于是边实验边记录,可能时间仓促,故记录应简明准确,也可用各种符号代替文字叙述。例如用"△"表示加热,"↓"表示沉淀生成,"↑"表示气体放出,"sec."表示"秒","T↑ 60 ℃"表示温度上升到 60 ℃,"+NaOH sol"表示加入氢氧化钠溶液,等等。

三、实验报告

撰写实验报告是将实验操作、实验现象及所得各种数据综合归纳、分析提高的过程,是把直接的感性认识提高到理性概念的必要步骤,也是向老师报告、与他人交流及储存备查的手段。有机化学实验报告的书写内容大致分为以下几项:(1)实验目的要求;(2)实验原理;(3)仪器与试剂;(4)实验步骤;(5)实验结果;(6)实验讨论。实验报告是将实验记录整理而成的,不同类型的实验有不同的格式。

四、实验报告的要求

(1)条理清楚。

(2)详略得当,陈述清楚,又不繁琐。

(3)语言准确,除讨论栏外尽可能不使用"如果"、"可能"等模棱两可的字词。

(4)真实可靠,数据完整。重要的操作步骤、现象和实验数据不能漏掉。

(5)实验装置图应避免概念性错误。

(6)讨论栏可写实验体会、成功经验、失败教训、改进的设想等。

(7)无论装置图或操作规程,如果自己使用的或做的与书上不同,应按实际操作的程序记载,不要照搬书上的,更不可伪造实验现象和数据。

以下以 1-溴丁烷为例:

有机化学实验报告

专业年级：＿＿＿＿＿　　组别：＿＿＿＿　　学号：＿＿＿＿＿＿　　姓名：＿＿＿＿＿＿

实验名称:1-溴丁烷的制备

一、实验目的

1. 学习以溴化钠、浓硫酸及正丁醇制备 1-溴丁烷的原理和方法。

2. 掌握带有吸收有害气体装置的回流和加热操作方法。

3. 巩固分液漏斗的洗涤操作。

二、实验原理及反应式

亲核取代反应,从正丁醇制备 1-溴丁烷。反应式为:

$$NaBr + H_2SO_4 \longrightarrow HBr + NaHSO_4$$

$$n\text{-}C_4H_9OH + HBr \rightleftharpoons n\text{-}C_4H_9Br + H_2O$$

副反应:

$$CH_3CH_2CH_2CH_2OH \xrightarrow[\triangle]{\text{浓 }H_2SO_4} CH_3CH_2CH=CH_2 + H_2O$$

$$2CH_3CH_2CH_2CH_2OH \xrightarrow[\triangle]{\text{浓 }H_2SO_4} C_4H_9OC_4H_9 + H_2O$$

$$2HBr + H_2SO_4 \longrightarrow Br_2 + SO_2 + 2H_2O$$

三、主要试剂及产物的物理常数

名称	相对分子质量	性状	相对密度	沸点/℃	溶解度/(g/100 mL)
正丁醇	74.12	无色透明液体	0.8098	117.71	7.920
1-溴丁烷	137.03	无色透明液体	1.299	101.6	不溶

四、实验步骤及现象

步骤	现象
1. 250 mL 圆底烧瓶＋20 mL 水＋29 mL 浓硫酸,混合均匀,冷至室温	浓硫酸加入后放热,烧瓶较烫手
2. 烧瓶＋15 g(约 18.5 mL)正丁醇,＋25 g 溴化钠,＋沸石	不分层,有较多 NaBr 未溶。瓶中已出现白雾状 HBr
3. 装球形冷凝管及溴化氢吸收装置(用 NaOH 水溶液),小火加热回流 1 h	沸腾,瓶中白雾状 HBr 增多,并从冷凝管上升,被气体吸收装置吸收。如 HBr 量很大,说明反应过于剧烈,需适当降低电热套的加热电压
	瓶中液体由一层变成三层,上层开始极薄,中层为橙黄色;上层越来越厚,中层越来越薄,最后消失。上层颜色由淡黄→橙黄色
4. 稍冷,补加沸石,改为常压蒸馏装置,蒸出 1-溴丁烷	馏出液浑浊,分层,瓶中上层越来越少,最后消失,消失后过片刻停止蒸馏。同时馏液由浑浊变为澄清
5. 洗涤:粗产品用 15 mL 水洗涤	产物在下层
下层粗产物分入另一干燥的分液漏斗中	
10 mL 浓硫酸洗涤	产物在上层
15 mL 水洗涤	产物在下层
15 mL 饱和碳酸氢钠溶液洗涤	产物在下层,二层交界处有些絮状物
15 mL 水洗涤	产物在下层
6. 粗产物于 50 mL 锥形瓶中,＋2 g 氯化钙,干燥 30 min	粗产物有些浑浊,稍摇后透明
7. 产物滤入 100 mL 蒸馏瓶中,＋沸石,蒸馏,收集 99～103 ℃的馏分,收集馏分的锥形瓶称重	99 ℃以前的前馏分很少,温度长时间稳定于 101～102 ℃,后升到 103 ℃,瓶中液体余很少量时停止蒸馏
8. 产物外观、质量	无色液体,瓶重 15.5 g,共重 32.7 g,产物重 17.2 g

装置图:(略)

五、实验结果与讨论

（一）实验结果

沸点：___99～103___℃,折光率：___1.4398___；

产物颜色性状___无色液体___,产量___17.2___g；

理论产量＝___27.4___g,产率＝___62.77___％。

理论产量计算过程：

$$n\text{-}C_4H_9OH + HBr \rightleftharpoons n\text{-}C_4H_9Br + H_2O$$

相对分子质量　74.12　　　　　　　137.03

　　　　　　15 g(0.20 mol)

根据化学反应：1 mol 正丁醇能生成 1 mol 1-溴丁烷,现用 15 g（约 18.5 mL,0.20 mol）正丁醇,理论上得到 0.20 mol 1-溴丁烷,理论产量为 137 g·mol^{-1}×0.20 mol＝27.4 g。

产率计算过程：

$$\frac{17.2\ \text{g}}{27.4\ \text{g}} \times 100\% = 62.77\%$$

（二）讨论

醇能与硫酸生成盐,而卤代烷不溶于硫酸,故随着正丁醇转化为正溴丁烷,烧瓶中分成三层。上层为正溴丁烷,中层可能为硫酸氢正丁酯,中层消失即表示大部分正丁醇已转化为正溴丁烷。上、中层两层液体呈橙黄色,可能是副反应产生的溴所致。从实验可知,溴在正溴丁烷中的溶解度较硫酸中的溶解度大。

1-7　化学绘图软件的介绍

ChemOffice professional 是一款功能强大的化学软件,包括 ChemDraw 和 Chem3D,还包括化学信息管理解决方案、化学卡片和实验记录本等工具,使其成为一款完整的、综合的化学信息管理软件。此外,它还提供了高级绘图工具、报告生成和分析工具等,能够帮助研究人员快速、高效地分析和处理复杂的科研数据。ChemDraw 是 ChemOffice professional 中最重要的一员。由于它内嵌了许多国际权威期刊的文件格式,近几年来成为化学界出版物、稿件、报告、CAI 软件等领域绘制结构图的标准。

ChemDraw 可编辑与化学和生物有关的绝大多数图形,如建立和编辑各类分子式、方程式、结构式、立体图形、对称图形、轨道等,并能对图形进行翻转、旋转、缩放、存储、复制、粘贴等多种操作。作为化学和生物工作者必需的绘制软件,ChemDraw 的使用已成为一门最基本的技能。

一、ChemDraw 的基本操作

我们以 2022 年最新推出的 ChemOffice professional 为例进行软件使用说明。具体启动 ChemDraw 方法:开始菜单 → 程序 → ChemOffice → ChemDraw 22.0,或双击桌面上的 ChemDraw 22.0 图标,出现如图 1-7-1 所示窗口。

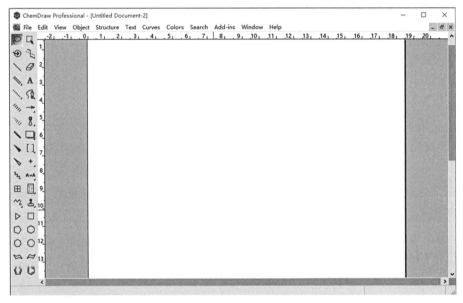

图 1-7-1　ChemDraw 窗口

ChemDraw 作为化学制图软件,提供的工具栏(见图 1-7-2)可以直接绘制很多有机化学结构式、实验仪器,计算分子能量等。

1. 用绘图工具画有机化合物的结构式

(1)画各种化学键

设置固定键长:在文件("File")菜单中选择"Document Settings",然后点

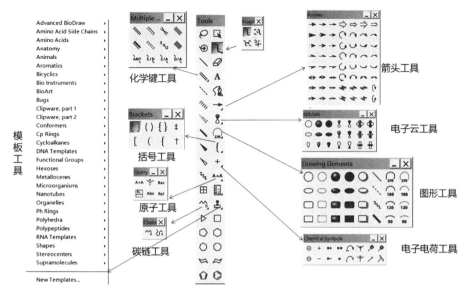

图 1-7-2　ChemDraw 工具栏详解

击"Drawing"出现化学键参数的文本框,在"Fixed Length"文本框中按需求输入键长值(如 0.8 cm),点击"OK",则键长固定为 0.8 cm,此文档中所有的化学键键长均为 0.8 cm,如图 1-7-3 所示。

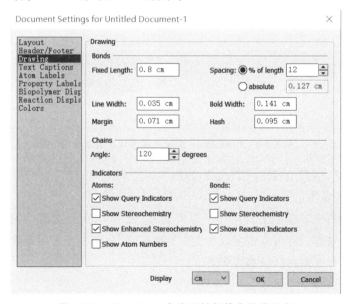

图 1-7-3　ChemDraw 自定义键长等参数的设定

新设置键长只对当前文件中新画的键产生影响。对于化学键长的设定，不同的期刊要求是不同的，可以根据期刊要求设定化学键参数。方法如下：文件（"File"）菜单中选择"Apply Document Setting from"，选择期刊名称，则所画的化学键长将按期刊要求全部设定好，如图 1-7-4 所示。

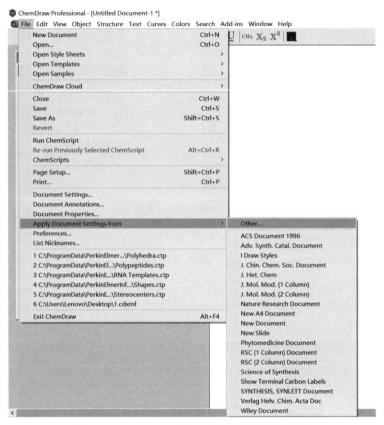

图 1-7-4　ChemDraw 按杂志要求固定键长参数

画单键：绘画工具栏（"Tools"）如图 1-7-2 所示。按住工具栏左 3 \ 按钮，在空白区域拖曳。

画双键：按下绘画工具栏左 3 \ 按钮，从已存在的单键的一端拖至另一端，单键变双键。亦可点击工具栏左 4 \ 键工具，从键工具扩展菜单中选择双键按钮，按住在空白区域拖曳即可。

画叁键：按下绘画工具栏 \ 按钮，从已存在双键的一端拖至另一端，双键变叁键。若从存在的叁键的一端拖至另一端，原叁键变单键。亦可点击 \ 工具,从键工具扩展菜单中选择叁键按钮,按住在空白区域拖曳即可。

画楔形键:按下绘画工具栏左 7 ➘按钮,在空白区域拖曳。单击楔形键的中部,可改变楔形键的方向。

(2)标注原子

按下绘画工具栏右 4 **A** 按钮,单击结构式中某原子团,在该处出现一文本框,在其中输入原子符号,输入内容的字体、字型和字号可通过"Text"菜单中的 Font、Size and Style 进行改动。

删除或修改原子标注:按下工具栏 **A** 按钮"Eraser"工具,然后单击原子标注删除,亦可用上述"Text"工具修改原子标注。

(3)画各种环结构及烃链:ChemDraw 工具栏中有 10 个环工具,位于绘图工具栏下方。

画单环:点击相应的环工具,在文本窗口中,按下左键。

添加环:点击环工具,单击文本窗口已存在的某键,环与该键融合,单击某原子,环与该原子相连。

画环己烷椅式构象:环己烷椅式构象有两个。点击所需的构象工具,按下左键得水平方向的环己烷椅式构象,同时按下"Shift"(Shift＋Click)得垂直方向的环己烷椅式构象。按下左键拖曳可得各个方向的环己烷椅式构象。

画苯环和环戊二烯:苯环和环戊二烯结构方向可以改变。改变方式同上。

画脂肪烃链:点击工具栏左 11 ➘按钮,在文本区域按下左键拖曳至所需键数,反向拖曳会减少键数。

2. 用模板工具(Templates)画有机化合物分子结构

利用现成的模板来画有机化合物结构,既可节省绘图时间,又可规范结构图形。ChemDraw 的模板工具在工具栏右 13 ♣按钮。模板工具中有氨基酸、芳香化合物、DNA 和玻璃仪器等 27 类模板图形,可直接调用,功能十分强大。

3. 给出有机结构式英文名称

ChemDraw 可依据画的有机化合物化学结构自动给出相应化学名称。点击工具栏右 1 ◹,将化学结构式选中,然后打开结构("Structure")菜单,选择"Convert Structure to Name",软件自动给出化合物的英文名称。

4. 给出有机化合物名称调用其化学结构

ChemDraw 可依据输入的有机化合物名称自动给出相应的化学结构。利用文本框,输入化合物的名称,点击工具栏左 1 ↗,将名称选中,然后打开结构

（"Structure"）菜单，选择"Convert Name to Structure"，软件自动给出化合物的结构。

5.选择工具的使用

选择工具在工具栏右 1 ，点击选择工具后，最近画的对象被选中。

选择单一目标：点击选择工具图标，鼠标指向某一目标，该处出现亮点，单击目标。

选择整个结构：点击选择工具图标，双击结构中的一个原子或一根键。

增加选择目标："Shift+Click"。

全选："Edit"菜单中选择"Select All"。

去选择：单击选择区外的空白区域，或按下"Shift"键，双击要去选择的目标。

6.移动、复制、旋转、放大或缩小目标

移动对象：先选中某对象，鼠标指向选择对象，鼠标指针变成一只手，拖曳。

复制对象：选中某对象，Ctrl+拖拽，或用"Copy""Paste"工具复制。

旋转目标：鼠标指向选择框右上角，出现弧形双箭头，拖曳。

放大或缩小目标：鼠标指向选择框右下角，出现双箭头，拖曳。

二、用 Chem3D 观察化合物的立体结构

Chem3D 可用于观察有机化合物的立体结构。ChemDraw 和 Chem3D 都是 ChemOffice 的组件，只要安装 ChemOffice，就有绘制平面和立体结构的工具。

启动 Chem3D：开始菜单→程序→ChemOffice→Chem3D 22.0，或双击桌面上的 Chem3D 22.0 图标，出现图 1-7-5 Chem3D 窗口。

1.Chem3D 工具栏介绍

Chem3D 作为立体制图软件，提供的工具栏可以移动旋转分子结构，以便更好地观察。其主要的快捷工具栏如图 1-7-5 所标注。

2.Chem3D 背景的设置

点击视图（"View"）菜单，选择"Model Display"中的"Background Color"，可以选择不同的背景颜色。

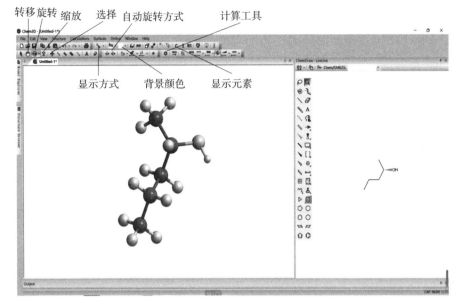

图 1-7-5　**Chem3D 窗口**

3.3D 结构的表示方法

Chem3D 软件中提供了不同形式的表示有机分子立体结构式的方法。点击视图（"View"）菜单，选择"Model Display"中的"Display Mode"，会出现线性模型、棒模型、球棒模型、比例模型等有机分子立体结构表示方式，可以根据需要选择。

4.3D 结构的绘制

方法一：将上述 ChemDraw 中所画的平面结构式复制后，在 Chem3D 窗口内粘贴，即可旋转并观察其立体结构。

方法二：可以在 Chem3D 窗口右侧空白处自行绘制平面结构，其立体结构将在中间区域自动出现。

5. 构象的绘制

Chem3D 软件自动提供优势构象。例如环己烷，输入平面结构，将自动出现环己烷的椅式优势构象。如需绘制非优势构象，则需利用选择工具选择不同的原子进行移动，调整空间位置，建立所需构象。

— 21 —

6. 旋转的 Chem3D 立体构象

Chem3D 除了可以绘制分子的立体结构,同时还具有动态演示的功能。Chem3D 中有多种旋转选项可供选择,进行不同的选择可以完成不同的旋转,熟悉并了解这些旋转控制按钮可以旋转 Chem3D 立体结构。

(1)旋转轴按钮。点击该按钮右侧的倒三角下拉菜单,用户可以选择围绕 X 轴、Y 轴、Z 轴进行旋转,这是旋转之前就要选择好的。默认情况下,按照 Y 轴旋转,选择框如图 1-7-6 所示。

(2)单向旋转按钮。用户只要点击这个按钮就可以单向地选择结构,默认情况下是从左至右旋转。

(3)双向选择按钮。用户只要点击这个按钮就可以双向地选择结构,类似振荡状态。

(4)变速按钮(图 1-7-7)。点击该按钮右侧的倒三角下拉菜单,用户只要拖动变速块就可以调节旋转速度,变速块越往右旋转速度越快。

(5)振幅按钮(图 1-7-8)。点击该按钮右侧的倒三角下拉菜单,用户只要拖动滑块就可以改变结构的旋转振幅,滑块越往右,振幅越大。

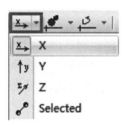  

图 1-7-6　Chem3D 旋转轴按钮　　图 1-7-7　Chem3D 变速按钮　　图 1-7-8　Chem3D 振幅按钮

第二章　有机化学实验基本操作

2-1　加热与冷却

一、温度升降操作

在有机化学中,许多有机合成反应是吸热反应,通常需要通过加热促进反应,控制反应进程。在有机化学实验基本操作中,例如干燥、重结晶、升华、回流、常压蒸馏、分馏、水蒸气蒸馏、减压蒸馏、玻璃加工等,都离不开加热操作,它们对加热形式与方法都有不同的要求,所以,首先应熟悉实验室中一些常用的加热手段。

有机化学实验室中常用的加热形式有酒精灯、煤气灯、电炉、电热套(或称电热包)、红外线辐射器(或红外线灯)等。其中酒精灯是最常用、最方便的一种加热形式,但出于其加热强度不大,而且属于明火热源,因此限制在一些场合使用。煤气灯是一种很方便的加热源,也是一种明火热源,使用的范围较广,通过调节煤气量的大小,可以控制加热的强度,但由于受煤气源供应的限制,不可能随意使用。电炉是一种使用方便,得到广泛使用的加热源,加热强度可以得到调节与控制,也是一种明火热源。电热套是一种加热电阻丝不外露的电加热形式,是一种空气加热浴形式的热源,有加热均匀的特点,但不能认为是一种非明火热源,仍应当按明火热源对待。红外线辐射器(红外线灯)在处理有机产物的干燥操作上用得较多,是一种比较温和的非明火热源。近年来,在有机化学反应中,使用了微波技术。微波是一种新型的加热源,属于非明火型热源,其应用范围将会日益扩大。

热浴是通过传热介质(水、油、沙、空气)传递热量进行加热的。由于它具有受热面积大、受热均匀、浴温可控制、非明火加热等优点,所以在实验中得到广泛应用。

— 23 —

常用的热浴有水浴、油浴、沙浴、空气浴等。它们的工作温度分别为:水浴在 98 ℃以下,油浴和石蜡浴为 20～250 ℃,空气浴在 300 ℃以下,沙浴在 400 ℃以下。实验者可根据所需的加热温度范围选择适当的热浴形式。

水浴使用方便、安全,但浴温不高,而且不能在无水操作(如制备 Grignard 试剂、制备醇钠与醇钾等)的场合使用。石蜡浴使用温度范围较适宜,但温度较高时,有烟产生,所以只能在通风橱内使用,而且有易燃的危险。一旦发生火情,应在切断电源后加盖或用沙扑灭。

空气浴是一种清洁的加热浴,但加热速度较慢,不宜传导大量热量。

沙浴在较高的温度下使用安全,但有加热速度慢和温度难控制的缺点。沙浴中的沙粒可选用普通建筑用沙子,用水清洗掉泥土与杂物,晒干后用筛子过筛成细沙后使用。

常用的液体(油浴)介质如表 2-1-1 所示。

表 2-1-1 常用油浴介质

名称	乙二醇	植物油	甘油	硅油	石蜡油
使用温度范围/℃	10～180	100～220	0～260	0～250	60～230

二、冷却与冷却剂

使热物体的温度降低而不发生相变化的过程称为冷却。冷却的方法有直接冷却法和间接冷却法两种。在大多数情况下使用间接冷却法,即通过玻璃壁向周围的冷却介质自然散热,达到降低温度的目的。

冷却操作首选的冷却剂是水,具有价廉、不燃、热容量大等优点。其次可选用冰,使用前要敲碎,或使用碎冰和水,均可取得迅速冷却的效果。为了获得更低的冷却温度,可按表 2-1-2 所示配制更强的冷却剂。

为了使冰盐混合物能达到预期的冷却温度,按表 2-1-2 所示配方配制。在配制冷却剂时先将盐类物质与冰块分别仔细地粉碎,然后仔细地混合均匀,在盛装冷却剂的容器外面用保温材料仔细地加以保护,使之较长时间地维持在低温状态。如果在配制时,粉碎的冰块过大,混合就不均匀,保温措施差,则所需配制的冷却剂无法达到预期的低温。

表 2-1-2　冷却剂配方

冷却剂	盐含量/冰盐混合物/%	冰浴最低温度/℃
氯化钠＋冰	10.0	−6.56
	15.0	−10.89
	28.9	−21.20
氯化钙＋冰	22.5	−7.80
	29.8	−55.00
氯化铵＋冰	22.9	−15.80

如需使用更低的冷却温度,可使用固体 CO_2(干冰)或液氮冷却剂,但应当在有经验的教师指导下进行。

<h1>2-2　干燥及干燥剂的使用</h1>

干燥是用来除去固体、气体或液体中含有少量水分和少量有机溶剂的方法,它是实验室中最常用的操作之一[1]。液体中的水分会与液体形成共沸物,在蒸馏时就有过多的"前馏分",造成物料的严重损失;固体中的水分会造成熔点降低,而得不到正确的测定结果。试剂中的水分会严重干扰反应,如在制备 Grignard 试剂或酰氯的反应中若不能保证反应体系的充分干燥就得不到预期产物;而反应产物如不能充分干燥,则在分析测试中就得不到正确的结果,甚至可能得出完全错误的结论。所有这些情况中都需要用到干燥。干燥的方法因被干燥物料的物理性质、化学性质及要求干燥的程度不同而不同,如果处置不当就不能得到预期的效果。

此项操作较为简单,但其完成的好坏将直接影响到有机反应的本身,以及产品纯化和分析结果。因此,操作者必须严肃对待,严格操作。

一、固体的干燥

为了进行产率计算、结构表征、物理鉴定,固体产物中的水分和有机溶剂必须除尽。

1. 晾干

将待干燥的固体放在表面皿上或培养皿中,尽量平铺成一薄层,再用滤纸或培养皿覆盖上,以免灰尘沾污,然后在室温下放置直到干燥为止,适用于除去低沸点溶剂。

2. 红外灯干燥

热稳定性好且不易升华的固体中如含有不易挥发的溶剂时,为了加速干燥,常用红外灯干燥。

3. 烘箱烘干[2]

烘箱用来干燥无腐蚀性、无挥发性、加热不分解的物质。严禁将易燃、易爆物放在烘箱内烘烤,以免发生危险。采用红外灯和烘箱干燥有机化合物要慎之又慎,必须清楚了解化合物的性质,特别是热稳定性,否则会造成有机化合物分解、氧化或转化等严重问题。

4. 干燥器干燥

(1)普通干燥器一般适用于保存易潮解或升华的样品。如图 2-2-1 所示,是由厚壁玻璃制作的上大下小的圆筒形容器,在上、下腔接合处放置多孔瓷盘,上口与盖子以砂磨口密封。必要时可在磨口上加涂真空油脂。但干燥效率不高,所费时间较长。干燥剂通常放在多孔瓷板下面,待干燥的样品用表面皿或培养皿装盛,置于瓷板上面,所用干燥剂由被除去溶剂的性质而定。变色硅胶是使用较普遍的干燥剂,它干燥时为蓝色,吸水后变成红色,烘干后可再使用。

(2)温和而又彻底的干燥通常是在真空干燥器(图 2-2-2)或在能升温的真空恒温干燥器(干燥枪,图 2-2-3)中进行。

图 2-2-1 普通干燥器

图 2-2-2 真空干燥器

真空干燥器上有玻璃活塞,用以抽真空,活塞下端呈弯钩状,口向上,防止在通向大气时,因空气流入太快将固体冲散。最好用另一表面皿覆盖在盛有样品的表面皿上。在水泵抽气过程中,干燥器外围最好能以金属丝(或用布)围住,以保证安全。

干燥器使用的干燥剂应按样品所含的溶剂来选择,见表2-2-1。

表 2-2-1　干燥固体的常用干燥剂

干燥剂	可吸收的溶剂蒸气
CaO	水、醋酸(或氯化氢)
$CaCl_2$	水、醇
NaOH	水、醋酸、氯化氢、酚、醇
浓 H_2SO_4[3]	水、醋酸、醇
P_2O_5	水、醇
石蜡片	醇、醚、石油醚、苯、甲苯、氯仿、四氯化碳
硅胶	水

真空干燥器使用时真空度不宜过高,一般在水泵上抽至盖子推不动即可。解除真空时,进气的速度不宜太快,以免吹散了样品。真空干燥器一般不宜用硫酸作干燥剂,因为在真空条件下硫酸会挥发出部分蒸气。如果必须使用,则需在瓷盘上加放一盘固体氢氧化钾。所用硫酸应为密度 1.84 g・mL^{-1} 的浓硫酸[4],并按照每 1 L 浓硫酸:18 g 硫酸钡的比例将硫酸钡加入硫酸中,当硫酸浓度降到 93% 时,有 $BaSO_4・2H_2SO_4・H_2O$ 晶体析出,再降至 84% 时,结晶变得很细,即应更换硫酸。

真空恒温干燥器也称干燥枪(图 2-2-3),其干燥效率较高,适用于除去结晶水或结晶醇。但这种方法只能适用于小量样品的干燥,如果干燥化合物数量多,可采用真空恒温干燥箱。使用干燥枪时,先将装有样品的小瓷舟放入夹层内,连接盛有干燥剂(一般常用五氧化二磷)的曲颈瓶,然后用水泵减压,抽到一定真空度时,将活塞关闭,停止抽气。根据被干燥化合物的性质,选用适当的溶剂进行加热(溶剂的沸点切勿超过样品的熔点),

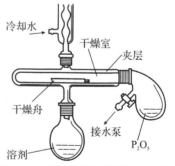

图 2-2-3　真空恒温干燥器(干燥枪)

溶剂蒸气充满夹层外面,使夹层内样品在减压和恒定的温度下进行干燥。整个过程中,每隔一定时间应再抽一次气,以保持一定的真空度。

5. 真空加热干燥

对高温下易分解、聚合和变质以及加热时对氧气敏感的有机化合物,可采用专门的真空加热干燥箱进行干燥。将干燥物料处在真空条件下加热干燥,并利用真空泵进行抽气、抽湿,加快干燥速率。如果没有特别要求,尽量采用循环水真空泵而不用油泵进行抽湿。

6. 真空冷冻干燥

对于受热时不稳定物质,可利用特殊的真空冷冻干燥设备,在水的三相点以下,即在低温低压条件下,使物质中的水分冻结后升华而脱去。但是该方法设备昂贵,运行成本高。

二、液体的干燥

从水溶液中分离出的液体有机物常含有许多水分,如不干燥脱水,直接蒸馏将会增加前馏分造成损失。另外,产品也可能与水形成共沸混合物而无法提纯,影响产品纯度。有机液体的干燥一般是直接将干燥剂加入液体中,除去水分。干燥后的有机液体需蒸馏纯化。

实验室中干燥液体有机化合物的方法可分为物理方法和化学方法两类。

1. 物理干燥法

(1)分馏法。可溶于水但不形成共沸物的有机液体可用分馏法干燥。

(2)共沸蒸(分)馏法。许多有机液体可与水形成二元最低共沸物,可用共沸蒸馏法除去其中的水分。当共沸物的沸点与其有机组分的沸点相差不大时,可采用分馏法除去含水的共沸物,以获得干燥的有机液体。但若液体的含水量大于共沸物中的含水量,则直接的蒸(分)馏只能得到共沸物而不能得到干燥的有机液体。在这种情况下常需加入另一种液体来改变共沸物的组成,以使水较多较快地蒸出,被干燥液体则尽可能少被蒸出。例如,工业上制备无水乙醇时,是在 95% 乙醇中加入适量苯作共沸蒸馏。首先蒸出的是沸点为 64.85 ℃ 的三元共沸物,含苯、水、乙醇的比例为 74∶7.5∶18.5。在水完全蒸出后,接着蒸出的是沸点为 68.25 ℃ 的二元共沸物,其中苯与乙醇之比为 67.6∶32.4。当苯也被蒸完后,温度上升到 78.85 ℃,蒸出的是无水乙醇。

(3)用分子筛干燥。分子筛是一类人工制作的多孔性固体,因取材及处理方法不同而有若干类别和型号。应用最广的是沸石分子筛,它是一种铝硅酸盐的结晶,由其自身的结构,形成大量与外界相通的均一的微孔。化合物的分子若小于其孔径,可进入这些孔道,若大于其孔径则只能留在外面,从而起到对不同种分子进行"筛分"的作用。选用合适型号的分子筛,直接浸入待干燥液体中密封放置一段时间后过滤,即可有选择地除去有机液体中的少量水分或其他溶剂。分子筛干燥的作用原理是物理吸附,其主要优点是选择性高,干燥效果好,可在 pH 5～12 的介质中使用。表 2-2-2 列出了几种最常用的分子筛供选用时参考。分子筛在使用后需用水蒸气或惰性气体将其中的有机分子替换出来,然后在(550±10)℃下活化 2 h,待冷却至约 200 ℃时取出,放进干燥器中备用。若被干燥液体中含水较多,则宜用其他方法先做初步干燥后再用分子筛干燥。

表 2-2-2　几种常用分子筛的吸附作用

类型	孔径/nm	能吸附分子	不能吸附分子
3A	0.32～0.33	H_2、N_2、O_2、H_2O	C_2H_2、C_2H_4、CO_2、NH_3 及更大分子
4A	0.42～0.47	CH_3OH、C_2H_5OH、CH_3CN、CH_3NH_2、CH_3Cl、CH_3Br、CH_4、C_2H_2、C_2H_6、CO、CO_2、He、Ne、Ar、Kr、Xe、CS_2、NH_3 及可被 3A 吸附的物质	
5A	0.49～0.55	C_3～C_{14} 直链烷烃、C_2H_5Cl、C_2H_5Br、$(CH_3)_2NH$、$C_2H_5NH_2$、CH_3F、CH_3Cl、CH_2Cl_2、C_2H_6 及可被 3A、4A 吸附的物质	$(n\text{-}C_4H_9)_2NH$ 及更大的分子
13X	0.90～1.0	直径小于 1 nm 的各种分子	$(C_4H_9)_3N$

2. 化学干燥法

化学干燥法是将适当的干燥剂直接加入待干燥的液体中去,使其与液体中的水分发生作用而达到干燥的目的。按干燥剂作用原理的不同可分成两大类:一类是可形成结晶水的无机盐类,如无水氯化钙、无水硫酸镁、无水碳酸钠等;另一类是可与水发生化学反应的物质,如金属钠、五氧化二磷、氧化钙等。前一类的吸水作用是可逆的,升温即放出结晶水,故在蒸馏之前应将干燥剂滤除(通常用倾泻法或过滤法);后一类的作用是不可逆的,在蒸馏时可不必滤除。对于一次具体的干燥过程来说,需要考虑的因素有干燥剂的种类、用量、干燥的温度和时间以及干燥效果的判断等。这些因素是相互联系、相互制约的,因此需要综合考虑。

(1)干燥剂的选择

常用干燥剂的性能与应用范围见表 2-2-3。

表 2-2-3　常用干燥剂的性能与应用范围

干燥剂	吸水作用	酸碱性	效能	干燥速度	应用范围
氯化钙	$CaCl_2 \cdot nH_2O$ $n=1,2,4,6$	中性	中等	较快,但应放置较长时间	能与醇、酚、胺、酰胺及某些醛、酮、酯形成配合物,因而不能用于干燥这些化合物
硫酸镁	$MgSO_4 \cdot nH_2O$ $n=1,2,4,5,6,7$	中性	较弱	较快	应用范围广,可代替 $CaCl_2$,并可用于干燥酯、醛、酮、腈、酰胺等不能用 $CaCl_2$ 干燥的化合物
硫酸钠	$Na_2SO_4 \cdot 10H_2O$	中性	弱	缓慢	一般用于有机液体的初步干燥
硫酸钙	$2CaSO_4 \cdot H_2O$	中性	强	快	中性,常与硫酸镁(钠)配合,作最后干燥之用
碳酸钾	$K_2CO_3 \cdot \frac{1}{2}H_2O$	弱碱性	较弱	慢	干燥醇、酮、酯、胺及杂环等碱性化合物,不适于酸、酚及其他酸性化合物的干燥
氢氧化钾(钠)	溶于水	强碱性	中等	快	用于干燥胺、杂环等碱性化合物,不能用于干燥醇、酯、醛、酮、酸、酚等
金属钠	$Na+H_2O \rightarrow$ $NaOH+\frac{1}{2}H_2$	碱性	强	快	限于干燥醚、烃类中的痕量水分。用时切成小块或压成钠丝[5]
氧化钙	$CaO+H_2O \rightarrow$ $Ca(OH)_2$	碱性	强	较快	适于干燥低级醇类

续表

干燥剂	吸水作用	酸碱性	效能	干燥速度	应用范围
五氧化二磷	$P_2O_5 + 3H_2O$ $\rightarrow 2H_3PO_4$	酸性	强	快,但吸水后表面为黏浆液覆盖,操作不便	适于干燥醚、烃、卤代烃、腈等化合物中的痕量水分,不适用于干燥醇、酸、胺、酮等
分子筛	物理吸附	中性	强	快	适用于各类有机化合物干燥

选用干燥剂的原则是：

①干燥剂不能与待干燥的液体发生化学反应。如无水氯化钙与醇、胺类易形成配合物,因而不能用来干燥这两类化合物;又如碱性干燥剂不能干燥酸性有机化合物。

②干燥剂不能溶解于所干燥的液体。

③充分考虑干燥剂的干燥能力,即吸水容量、干燥效能和干燥速度。吸水容量是指单位质量干燥剂所吸收的水量,而干燥效能是指达到平衡时留在溶液中的水量。

有效的干燥剂必须有好的干燥强度和高的干燥容量。干燥剂所能达到的最大干燥强度为其蒸气压所决定,见表 2-2-4。对于形成水合物的干燥剂,常用吸水后结晶水的蒸气压表示干燥效能,蒸气压越小,干燥效能越强。例如,无水硫酸钠可形成 10 个结晶水的水合物,在 25 ℃时结晶水的蒸气压为 256 Pa(1.92 mmHg),吸水容量为 1.25。而无水氯化钙最多能形成 6 个结晶水的水合物,25 ℃时结晶水的蒸气压为 40 Pa(0.30 mmHg),吸水容量为 0.97。因此,氯化钙的干燥效能比硫酸钠强,但吸水容量小。对于含水较多的溶液,为了使干燥的效果更好,常先用吸水容量大的干燥剂除去大部分水分,然后再用干燥效能强的干燥剂。

表 2-2-4　常用干燥剂的水蒸气压(20 ℃)

干燥剂	水蒸气压/mmHg	干燥剂	水蒸气压/mmHg
P_2O_5	0.00002	H_2SO_4(浓)	0.005
$Mg(ClO_4)_2$(无水高氯酸镁)	0.0005	硅胶	0.006

续表

干燥剂	水蒸气压/mmHg	干燥剂	水蒸气压/mmHg
$Mg(ClO_4)_2 \cdot 3H_2O$(高氯酸镁)	0.002	NaOH(熔融过的)	0.15
KOH(熔融过的)	0.002	CaO	0.2
Al_2O_3	0.003	$CaCl_2$	0.2
$CaSO_4$(无水)	0.004	$CuSO_4$	1.3

干燥剂的干燥效率：$P_2O_5 > Mg(ClO_4)_2 \gg BaO > KOH$(熔融)$> CaO > H_2SO_4 > CaSO_4$(无水)$> Al_2O_3 > KOH$(棒状)$> NaOH$(熔融)$> CaBr_2 > CaCl_2$(熔融)$> NaOH$(棒状)$> Ba(ClO_4)_2 > ZnCl_2 > ZnBr_2 > CaCl_2$(粒状)$> CuSO_4$(无水)。其中，五氧化二磷和高氯酸镁是相当强的吸水剂和脱水剂。五氧化二磷有"实验室最强的脱水剂"的说法。五氧化二磷的干燥效率是浓硫酸的几百倍，是无水硫酸铜的几十万倍。

各类有机物常用干燥剂见表 2-2-5。对于未知物液体的干燥，通常用化学惰性的干燥剂，如无水硫酸钠和无水硫酸镁。

表 2-2-5　各类有机物常用干燥剂

液体名称	适用干燥剂
烃类	$CaCl_2$，Na，P_2O_5
卤代烃类	Na_2SO_4，$MgSO_4$，$CaCl_2$，CaH_2，P_2O_5
醇类	Na_2SO_4，$MgSO_4$，K_2CO_3，CaO，Mg
醚类	$CaCl_2$，Na，P_2O_5
醛类	Na_2SO_4，$MgSO_4$
酮类	Na_2SO_4，$MgSO_4$，K_2CO_3，$CaCl_2$
酸、酚类	Na_2SO_4，$MgSO_4$
酯类	Na_2SO_4，$MgSO_4$，K_2CO_3
胺类	K_2CO_3，CaO，NaOH，KOH
硝基化合物	$CaCl_2$，Na_2SO_4，$MgSO_4$

（2）干燥剂的用量

干燥剂的用量主要取决于被干燥液体的含水量、干燥剂的吸水容量和需要干燥的程度。

①被干燥液体的含水量。液体的含水量包括两部分:一是液体中溶解的水,可以根据水在该液体中的溶解度进行计算。表2-2-6列出了水在一些常用溶剂中的溶解度。对于表中未列出的有机溶剂,可从其他文献中查找,也可根据其分子结构估计。二是在萃取分离等操作过程中带进的水分,无法计算,只能根据分离时的具体情况进行推估。例如,在分离过程中若油层与水层界面清楚,各层都清晰透明,分离操作适当,则带进的水就较少;若分离时乳化现象严重,油层与水层界面模糊,分得的有机液体浑浊,甚至带有水包油或油包水的珠滴,则会夹带有大量水分。

表 2-2-6 水在有机溶剂中的溶解度

溶剂	温度/℃	含水量	溶剂	温度/℃	含水量
四氯化碳	20	0.008%	二氯乙烷	15	0.14%
环己烷	20	0.010%	乙醚	20	0.19%
二硫化碳	25	0.014%	醋酸正丁酯	25	2.40%
二甲苯	25	0.038%	醋酸乙酯	20	2.98%
甲苯	20	0.045%	正戊醇	20	9.40%
苯	20	0.050%	异戊醇	20	9.60%
氯仿	22	0.065%	正丁醇	20	20.07%

以乙醚为例,水在乙醚中的溶解度在室温时为1%～1.5%,如用无水氯化钙干燥100 mL含水乙醚时,假定无水氯化钙全部转变为六水合物,这时的吸水容量是0.97,即1 g无水氯化钙大约可吸去0.97 g水,因此无水氯化钙的理论用量至少要1 g。但实际上则远较1 g为多,这是因为萃取时,在乙醚层中的水分不可能完全分净,其中还有悬浮的微细水滴。另外,达到高水合物需要的时间很长,往往不能达到它应有的吸水容量,因而干燥剂的实际用量是大大过量的,干燥100 mL含水乙醚常需用7～10 g无水氯化钙。

②干燥剂的吸水容量及需要干燥的程度。吸水容量指每克干燥剂能够吸收的水的最大量。通过化学反应除水的干燥剂,其吸水容量可由反应方程式计算出来。无机盐类干燥剂的吸水容量可按其最高水合物的示性式计算。用液体的含水量除以干燥剂的吸水容量可得干燥剂的最低需用量,而实际干燥

过程中所用干燥剂的量往往是其最低需用量的数倍,以使其形成含结晶水数目较少的水合物,从而提高其干燥程度。当然,干燥剂也不是用得越多越好,因为过多的干燥剂会吸附较多的被干燥液体,造成不必要的损失。

(3)温度、时间及干燥剂的粒度对干燥效果的影响

无机盐类干燥剂生成水合物的反应是可逆的,在不同的温度下有不同的平衡。在较低温度下水合物较稳定,在较高温度下则会有较多的结晶水释放出来,所以在较低温度下干燥较为有利。干燥所需的时间因干燥剂的种类不同而不同,通常需静置 2 h,以利于干燥剂充分与水作用,最少也需 30 min,最好放置过夜。若干燥剂颗粒小,与水接触面大,所需时间就短些,但小颗粒干燥剂总表面积大,会吸附过多被干燥液体而造成损失;大颗粒干燥剂总表面积小,吸附被干燥液体少,但吸水速度慢。所以太大的块状干燥剂宜作适当破碎,但又不宜破得太碎。

(4)干燥的实际操作[6]

液体的干燥,通常是将其与干燥剂放在一起,配上塞子[7],振摇后长时间放置,最后将其与干燥剂过滤分离。加入干燥剂前必须尽可能将待干燥液体中的水分分离干净,不应有任何可见的水层及悬浮的水珠,并置于锥形瓶中。干燥剂研成大小合适的颗粒。干燥剂用量不能太多,否则将吸附液体,引起更大的损失。

干燥剂分批少量加入,按照每 10 mL 液体 0.5~1 g 干燥剂的比例加入干燥剂,塞紧瓶口。每次加入后需不断旋摇观察一段时间,如此操作直到液体由浑浊变澄清,干燥剂也不黏附于瓶壁,振摇时可自由移动,说明水分已基本除去,此时再加入过量 10%~20% 的干燥剂,盖上瓶盖静置即可。静置干燥时间应根据液体量及含水情况而定,一般约需 30 min。

如果在干燥过程中,干燥剂与水发生化学反应放出气体,则应在塞子上配有一端拔延成毛细管的玻璃管[图 2-2-4(a)],以防因容器内压增大而使气体带着被干燥物冲出,造成损失。为防止空气中的湿气侵入,通常还在容器上装配有干燥管[图 2-2-4(b)]。

此外,一些化学惰性的液体如烷烃和醚类等,有时也可用浓硫酸干燥。当用浓硫酸干燥时,硫酸吸收液体中的水而发热,所以不可将瓶口塞紧,而应将硫酸缓缓注滴入液体中,在瓶口安装氯化钙干燥管与大气相通。振摇容器使硫酸与液体充分接触,最后用蒸馏法收集纯净的液体。

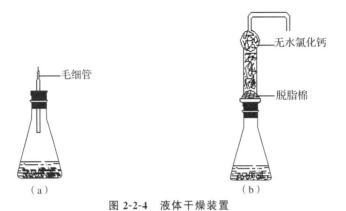

图 2-2-4　液体干燥装置

三、气体的干燥

实验室中临时制备的或由储气钢瓶中导出的气体在参加反应之前往往需要干燥;进行无水反应或蒸馏无水溶剂时,为避免空气中水汽的侵入,也需要对可能进入反应系统或蒸馏系统的空气进行干燥。气体的干燥方法有冷冻法和吸附法两种。冷冻法是使气体通过冷阱,气体受冷时,其饱和湿度变小,其中的大部分水汽冷凝下来留在冷阱中,从而达到干燥的目的。固体二氧化碳与甲醇组成的体系或液态空气都可用作为冷阱的冷冻液。吸附法是使气体通过吸附剂(如变色硅胶、活性氧化铝等)或干燥剂,使其中的水汽被吸附剂吸附或与干燥剂作用而除去,以达到干燥的目的。

使用固体干燥剂或吸附剂时,所用的仪器为干燥管、干燥塔、U 形管或长而粗的玻璃管(图 2-2-5)。所用干燥剂应为块状或粒状,切忌使用粉末,以免吸水后堵塞气体通路,并且装填应紧密而又有空隙。如果干燥要求高,可以连接两个或多个干燥装置。如果这些干燥装置中的干燥剂不同,则应使干燥效能高的靠近反应瓶一端,吸水容量大的靠近气体来路一端。气体的流速不宜过快,以便水汽被充分吸收。如果被干燥气体是由钢瓶导出的,应当在开启钢瓶并调好流速之后再接入干燥系统,以免因流速过大而发生危险。

如果用浓硫酸作干燥剂,则所用仪器为洗气瓶(图 2-2-6),此时应注意将洗气瓶的进气管直通底部,不要将进气口和出气口接反了。在干燥系统与反应系统之间一般应加置安全瓶,以避免倒吸。浓硫酸的用量宜适当,太多则压力过大,气体不易通过,太少则干燥效果不好。干燥系统在使用完毕之后应立即封闭,以便下次使用。如果所用干燥剂已失效,应及时更换。吸附剂如失效,应取出再生后重新装入。无水反应或蒸馏无水溶剂时可避免湿气侵入的干燥装置是装有无水氯化钙的干燥管。

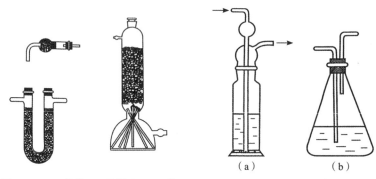

图 2-2-5　干燥管、干燥塔和 U 形管　　　图 2-2-6　洗气瓶

　　根据被干燥气体的性质、用量、潮湿程度以及反应条件,选择不同的干燥剂和仪器。干燥剂的选择原则与液体干燥时的干燥剂选择原则相似。常用气体干燥剂列于表 2-2-7。

表 2-2-7　各种气体常用干燥剂

干燥剂	可干燥气体
石灰、碱石灰、固体氢氧化钠(钾)	氨气、胺类
无水氯化钙	H_2、HCl、N_2、O_2、CO、CO_2、SO_2、低级烷烃、烯烃、卤代烃、醚类
P_2O_5	H_2、N_2、O_2、CO_2、SO_2、烷烃、乙烯
浓 H_2SO_4	H_2、N_2、HCl、CO_2、Cl_2、烷烃
$CaBr_2$、$ZnBr_2$	HBr

　　用干燥塔进行干燥时,为了防止干燥剂在干燥过程中结块,那些不能保持其固有形态的干燥剂(如五氧化二磷)应与载体(如石棉绳、玻璃纤维、浮石等)混合使用。

四、注解与注意事项

　　[1]干燥低沸点易燃有机化合物时,应放在阴凉通风处,切忌放在热源和明火的附近或放在阳光下曝晒。特别是对光敏感的物质(也包括乙醚,因为它

在光的作用下倾向于生成过氧化物），应置棕色瓶中，放在避光处。这些物质不宜长时间贮存，否则更危险。

［2］放进烘箱内干燥的固体物必须无腐蚀性和有较好的热稳定性，并且不应带有有机溶剂。使用时应注意温度要控制在被干燥物的熔点以下。

［3］在高真空和高温下的干燥，切忌用腐蚀性强的干燥剂，如硫酸。

［4］在对干燥器进行抽真空操作时，在抽真空之前，可用毛巾等将其包上。若用水泵抽真空，干燥器内用硫酸作干燥剂时，在水泵和干燥器之间务必装有安全瓶，切不可直接连接抽真空。

［5］金属钠常常用作醚类、苯等惰性溶剂的最后干燥。一般先用无水氯化钙或无水硫酸镁干燥除去溶剂中较多量的水分，剩下的微量水分可用金属钠丝或钠片除去。若用金属钠作干燥剂，切钠时不可直接用手取用。切下的钠屑必须全部放进乙醇里销毁，或统统放回原瓶中浸在煤油下。若用压钠机将钠压成细丝使用，用完后，必须先用乙醇彻底清洗压钠机，然后方可用水冲洗。切钠或压钠时切忌将钠屑弄入眼中，最好戴上护目镜。

［6］干燥剂干燥液体有机物时，若加入的块状干燥剂棱角消失而变得浑圆，或细粒状、粉末状干燥剂粘连、结块、附壁，则说明干燥剂用量不够，需再加入新鲜干燥剂。如果干燥剂已变成糊状或部分变成糊状，则说明液体中水分过多，一般需将其过滤，然后重新加入新的干燥剂进行干燥。若过滤后的滤液中出现分层，则需用分液漏斗将水层分出，或用滴管将水层吸出后再进行干燥，直至被干燥液体均一透明，而所加入的干燥剂形态基本上没有变化为止。黏稠液体的干燥应先用溶剂稀释后再加干燥剂。

［7］干燥低沸点有机化合物时，塞子不宜塞紧；干燥有机溶剂时，不宜用橡皮塞来塞容器口；用强碱性干燥剂干燥液体时，不宜用玻璃塞来塞容器口。

2-3　升华操作

一、升华的原理

升华是用来提纯固体有机物的重要方法之一，可得到很纯的化合物。基本原理是利用固体物质具有较高的蒸气压，当加热时，不经熔融状态就变成蒸气，冷却后蒸气又变成固态，这个过程叫升华（sublimation）。具体地说，就是只有具有相当高蒸气压的物质,才可以用升华法来提纯。通过升华可除去不挥发性杂质,或分离不同挥发度的固体混合物。用这种方法制得的产品,纯度较高,但损失较大。

一般来说,具有对称结构的非极性化合物,其电子云的密度分布比较均匀,偶极距较小,晶体内部静电引力小,这类固体具有蒸气压高的性质。与液体化合物的沸点相似,当固体化合物的蒸气压与外界施加给固体化合物表面的压力相等时,该固体化合物开始升华,此时的温度为该固体的升华点。

物质的固态、液态、气态的三相图如图 2-3-1。O' 为三相点,三相点以下不存在液态。$O'A$ 曲线表示固相和气相平衡时的温度和压力。因此,升华应在三相点温度下进行操作。

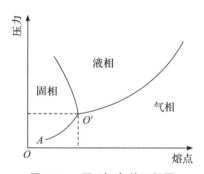

图 2-3-1　固、液、气的三相图

表 2-3-1 是几种固体物质在其熔点时的蒸气压。

表 2-3-1　固体化合物在其熔点时的蒸气压

化合物	固体在熔点时的蒸气压/Pa	熔点/℃
樟脑	49329.3	179
碘	11999	114
萘	933.3	80
苯甲酸	800	122
对硝基苯甲醛	1.2	106

若固体的蒸气压在熔点之前已达到大气压,该物质很适宜在常压下用升华法进行纯化处理。例如樟脑在 160 ℃时的蒸气压为 29.17 kPa,即未达熔点(179 ℃)前就有很高的蒸气压。只要慢慢加热,温度不超过熔点,未熔化就

已成为蒸气,遇冷就凝结成固体,这样的蒸气压长时间维持在 49.33 kPa 下,直至樟脑蒸发完为止,即是樟脑的升华。

升华的操作比重结晶简便,纯化后产品的纯度较高。一般不适合大量产品的提纯。

由于不是所有的固体都有升华的性质,因此,用升华法提纯固体,必须满足两个必要条件:①提纯的固体化合物具有较高的蒸气压,在低于熔点时,就可以产生足够的蒸气,使固体不经过熔融状态直接变为气体,从而达到分离的目的;②固体中杂质的蒸气压较低,应与被纯化固体的蒸气压有明显差异。

升华特别适用于纯化易潮解及与溶剂易起离解作用的物质。经升华得到的产品一般具有较高的纯度。但它只适用于在不太高的温度下有足够大蒸气压力的固体物质,因而有一定的局限性。实验室里,只用于较少量物质的纯化。

二、升华装置

1. 常压升华装置

图 2-3-2(a)是实验室常用的常压升华装置,主要由蒸发皿和普通漏斗组成。将被升华的固体化合物烘干(一定要预先干燥,如有溶剂会影响升华后固体的凝结),放入蒸发皿中,铺匀。取一大小合适的锥形漏斗,将颈口处用少量棉花堵住,以免蒸气外逸,造成产品损失。选一张略大于漏斗底口的滤纸,在滤纸上扎一些小孔后盖在蒸发皿上,用漏斗盖住。滤纸上的孔应尽量大些,以便蒸气上升时顺利通过滤纸,在滤纸的上面和漏斗中结晶,否则会影响晶体的析出。

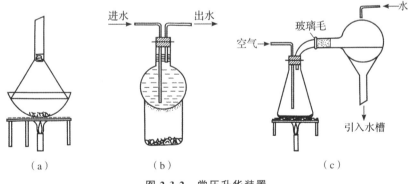

图 2-3-2　常压升华装置

用小火隔着石棉网慢慢加热,如用电炉、煤气灯或电热套加热,在加热过程中应注意控制温度在熔点以下。当蒸气开始通过滤纸上升至漏斗中时,可以看到滤纸和漏斗壁上有晶体析出。如晶体不能及时析出,可在漏斗外面用湿布冷却。当升华量较大时,可用图 2-3-2(b)所示的装置分批进行升华。当需要通入空气或惰性气体进行升华时,可用图 2-3-2(c)所示的装置。

2. 减压升华装置

在常压下不易升华的物质,可利用减压进行升华。减压升华装置主要用于少量物质的升华。装置主要由吸滤管、指形水冷凝管和泵组成,如图 2-3-3 所示。图 2-3-3(a)为非磨口仪器,图 2-3-3(b)接头部分为磨口的,使用更方便。它是将欲升华物质放在吸滤管内,然后在吸滤管上用橡皮塞固定一个指形水冷凝管(又称冷凝指),内通冷凝水,抽气口与水泵连接好,打开水泵,关闭安全瓶上的放气阀,进行抽气。然后将吸滤管置于油浴或水浴中加热,利用水泵或油泵抽气减压,使物质在一定压力下升华。升华物质蒸气因受冷凝水冷却,凝结在指形冷凝管底部,达到纯化目的。减压升华时,停止抽滤前一定要先打开安全瓶上的放空阀,再关泵,否则循环泵内的水会倒吸入吸滤管中,造成实验失败。

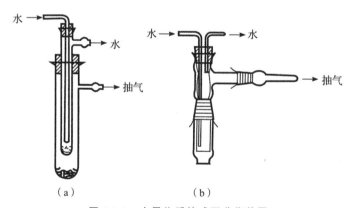

（a）　　　　　　　（b）

图 2-3-3　少量物质的减压升华装置

重结晶和过滤

重结晶(recrystallization)通常是用溶解的方法把晶体结构破坏,然后改变条件让晶体重新生成,利用被提纯物质及杂质在某种溶剂中的溶解度不同,或在同一溶剂中不同温度时的溶解度不同,以除去杂质的一种操作过程。重结晶是纯化固体有机化合物最常用的一种方法。

一、原理

固体有机物在溶剂中的溶解度与温度有密切关系。一般是温度升高,溶解度增大。若把固体溶解在热的溶剂中达到饱和,冷却时即由于溶解度降低,溶液变成过饱和而析出晶体。利用溶剂对被提纯物质及杂质的溶解度不同,可以使被提纯物质从过饱和溶液中析出,而让杂质全部或大部分仍留在溶液中(若杂质在溶剂中的溶解度极小,则配成饱和溶液后被过滤除去),从而达到提纯目的。

假设一固体混合物由 9.5 g 被提纯物 A 和 0.5 g 杂质 B 组成,选择某溶剂进行重结晶,室温时 A、B 在此溶剂中的溶解度分别为 S_A 和 S_B,通常存在下列三种情况:

1. 杂质较易溶解($S_B > S_A$)

设在室温下 $S_B = 2.5$ g/100 mL,$S_A = 0.5$ g/100 mL,如果 A 在此沸腾溶剂中的溶解度为 9.5 g/100 mL,则使用 100 mL 溶剂即可使混合物在沸腾时全溶。若将此滤液冷却至室温时可析出 A 9 g(不考虑操作上的损失)而 B 仍留在母液中,A 损失很小,即被提纯物回收率达到 95%。如果 A 在此沸腾溶剂中的溶解度更大,比如 47.5 g/100 mL,则只要使用 20 mL 溶剂即可使混合物在沸腾时全溶,这时滤液可析出 A 9.4 g,B 仍留在母液中,被提纯物的回收率高达 99%。由此可见,如果在低温时杂质的溶解度大而产物的溶解度小,或溶剂对产物的溶解性能随温度的变化大,两方面都有利于提高回收率。

2. 杂质较难溶解($S_B < S_A$)

设在室温下 $S_B = 0.5$ g/100 mL,$S_A = 2.5$ g/100 mL,A 在此沸腾溶剂中的溶解度仍为 9.5 g/100 mL,则在 100 mL 溶剂重结晶后的母液中含有 2.5 g

A 和 0.5 g(即全部)B,析出结晶 A 7 g,产物的回收率为 74%。但这时,即使 A 在沸腾溶剂中的溶解度更大,使用的溶剂也不应减少,否则杂质 B 也会部分地析出,就需再次重结晶。如果混合物中杂质含量较多,则需增加重结晶的溶剂量,或者增加重结晶次数,将导致操作过程冗长,回收率极大地降低。

3. 两者溶解度相等($S_A = S_B$)

设在室温下 A、B 的溶解度均为 2.5 g/100 mL,若用 100 mL 溶剂重结晶,仍可得到 A 7 g。但如果这时杂质含量较多,则用重结晶分离产物就比较困难。在 A 和 B 含量相等时,重结晶就不能用来分离产物了。

从上述可以看出,在任何情况下,杂质的含量过多都是不利的(杂质太多还会影响结晶速度,甚至妨碍结晶的生成)。一般重结晶只适用于纯化杂质含量在 5% 以下的固体有机混合物。反应粗产物如果杂质含量高,不适宜直接重结晶,可以先采用其他方法初步提纯,如色谱分离、萃取、水蒸气蒸馏、减压蒸馏等,然后用重结晶法提纯。

二、重结晶法的一般过程

重结晶法的一般过程:选择适宜的溶剂;将粗产物用所选溶剂加热溶解制成饱和或近饱和溶液;加活性炭脱色;趁热过滤除去不溶性杂质及活性炭;冷却,析出晶体;抽滤,洗涤晶体;干燥晶体。下面对这些过程进行详细阐述。

1. 选择适宜的溶剂

在选择溶剂时应根据"相似相溶"的一般原理。溶质往往溶于与其结构相似的溶剂中。选择适宜的溶剂时应注意以下几个问题:

(1)无毒或毒性很小,便于操作。

(2)价廉易得。

(3)不与被提纯物质发生化学反应。例如脂肪族卤代烃类化合物不宜作为碱性化合物结晶和重结晶的溶剂;醇类化合物不宜用作酯类化合物结晶和重结晶的溶剂,也不宜作为氨基酸盐酸盐结晶和重结晶的溶剂。

(4)能给出较好的晶体。对于含有羟基、氨基而且熔点不太高的物质尽量不选择含氧溶剂,含有氧、氮的物质尽量不选择醇作溶剂,因为溶质与溶剂形成分子间氢键后很难析出。

(5)对被提纯物质在热状态时应具有较大的溶解能力,而在较低温度时被提纯物质的溶解能力大大减小。

（6）对被提纯物质中可能存在的杂质溶解度甚大，在被提纯物质结晶和重结晶时留在母液中，不随晶体一同析出；或是溶解度甚小，在被提纯物质加热溶解时，很少在热溶剂中溶解，在热过滤时被除去。

（7）选择的溶剂沸点不宜太高，以免该溶剂在结晶和重结晶时附着在晶体表面不容易除尽。虽然溶剂的沸点越高，沸腾时溶解力越强，对于高熔点物质，最好选高沸点溶剂；但是溶剂的沸点最好比被结晶物质的熔点低 50 ℃，否则易产生溶质液化分层现象。

用于结晶和重结晶的常用溶剂有水、甲醇、乙醇、异丙醇、丙酮、乙酸乙酯、氯仿、冰醋酸、二氧六环、四氯化碳、苯、石油醚等（表 2-4-1）。此外，甲苯、硝基甲烷、乙醚、N，N-二甲基甲酰胺（DMF）、二甲亚砜（DMSO）等也常使用。DMF 和 DMSO 的溶解能力大，当找不到其他适用的溶剂时，可以试用，但往往不易从溶剂中析出结晶，且沸点较高，晶体上吸附的溶剂不易除去。乙醚虽是常用的溶剂，但是若有其他适用的溶剂时，最好不用乙醚，因为乙醚易燃、易爆，使用时危险性特别大，应特别小心；另一方面乙醚易沿壁爬行挥发而使欲纯化的物质在瓶壁上析出，影响结晶的纯度。

表 2-4-1　常用的重结晶溶剂物理常数

溶剂	沸点/℃	冰点/℃	相对密度	与水的混溶性	易燃性
水	100	0	1.00	+	0
甲醇	64.96	<0	0.79	+	+
95%乙醇	78.1	<0	0.80	+	++
冰醋酸	117.9	16.7	1.05	+	+
丙酮	56.2	<0	0.79	+	+++
乙醚	34.51	<0	0.71	−	++++
石油醚	30~60	<0	0.64	−	++++
乙酸乙酯	77.06	<0	0.90		++
苯	80.1	5	0.88		++++
氯仿	61.7	<0	1.48	−	0
四氯化碳	76.54	<0	1.59	−	0

（8）选用单一溶剂或混合溶剂重结晶。溶质和溶剂极性不要相差太悬殊。在选择溶剂时必须了解欲纯化的物质的结构，因为溶质往往易溶于与其结构

相近的溶剂中,即"相似相溶"原理。极性物质易溶于极性溶剂,而难溶于非极性溶剂中;相反,非极性物质易溶于非极性溶剂,而难溶于极性溶剂中。这个溶解度的规律对实验工作有一定的指导作用。如欲纯化的物质是个非极性化合物,实验中已知其在异丙醇中的溶解度太小,异丙醇不宜作其结晶和重结晶的溶剂,这时一般不必再试验极性更强的溶剂,如甲醇、水等,应试验极性较小的溶剂,如丙酮、二氧六环、苯、石油醚等。表 2-4-2 可供选择溶剂时参考。

表 2-4-2　溶解不同物质的溶剂类型

物质的类别	溶解度大的溶剂
烃(疏水性)	烃、醚、卤代烃
卤代烷	醚、醇、烃
酯	酯
酮	醇、二氧六环、冰醋酸
酚	乙醇、乙醚等有机溶剂
酰胺	醇、水
低级醇	水
高级醇	有机溶剂
盐(亲水性)	水

试剂极性从小到大:烷、烯、醚、酯、酮、醛、胺、醇和酚、水。

常用溶剂极性:水＞甲酸＞甲醇＞乙酸＞乙醇＞异丙醇＞乙腈＞DMSO＞DMF＞丙酮＞CH_2Cl_2＞吡啶＞氯仿＞氯苯＞四氢呋喃(THF)＞二氧六环＞乙醚＞苯＞甲苯＞CCl_4＞正辛烷＞环己烷＞石油醚。

常用混合溶剂(体积比)的极性:环己烷-乙酸乙酯(8∶2)＜苯-丙酮(9∶1)＜苯-乙酸乙酯(8∶2)＜氯仿-乙醚(9∶1)＜苯-甲醇(95∶5)＜环己烷-乙酸乙酯(1∶1)＜氯仿-甲醇(99∶1)＜苯-甲醇(9∶1)＜苯-乙酸乙酯(1∶1)＜氯仿-甲醇(95∶5)＜乙酸乙酯-甲醇(99∶1)＜苯-丙酮(1∶1)＜氯仿-甲醇(9∶1),随着甲醇等大极性溶剂的比例增加极性逐渐增大。

适用溶剂的最终选择,只能用试验的方法来决定,可选用单一溶剂或混合溶剂重结晶。

①单一溶剂:取 0.1 g 固体粉末于一小试管中,加入 1 mL 溶剂,振荡,观察溶解情况,如冷时或温热时能全溶解,则不能用,溶解度太大。

取 0.1 g 固体粉末加入 1 mL 溶剂中,不溶,如加热还不溶,逐步加大溶剂量至 4 mL,加热至沸,仍不溶,则不能用,溶解度太小。

取 0.1 g 固体粉末,能溶在 1～4 mL 沸腾的溶剂中,冷却时结晶能自行析出或经摩擦或加入晶种能析出相当多的量,则此溶剂可以使用。

②混合溶剂:某些有机化合物在许多溶剂中不是溶解度太大就是太小,找不到一个合适的溶剂时,可考虑使用混合溶剂。混合溶剂两者必须能混溶,如乙醇-水、丙酮-水、乙酸-水、乙醚-甲醇、乙醚-石油醚、苯-石油醚等。样品易溶于其中一种溶剂,难溶于另一种溶剂,往往使用混合溶剂能得到较理想的结果。使用混合溶剂时,应先将样品溶于沸腾的易溶溶剂中,滤去不溶性杂质后,再趁热滴入难溶溶剂至溶液混浊,然后加热使之变澄清,放置冷却,使结晶析出。若已知两种溶剂的某一比例适用重结晶被提纯物,则可先配好混合溶剂,按单一溶剂重结晶的方法进行。

(9)筛选溶剂:在试管中加入少量(麦粒大小)待结晶物,加入 0.5 mL 根据上述规律所选择的溶剂,加热沸腾几分钟,看溶质是否溶解。若溶解,用自来水冲试管外侧,看是否有晶体析出。初学者常把不溶杂质当成待结晶物!如果长时间加热仍有不溶物,可以静置试管片刻并用冷水冷却试管(勿摇动)。如果有物质在上层清液中析出,表示还可以增加一些溶剂。若稍微浑浊,表示溶剂溶解度太小;若没有任何变化,说明不溶的固体是另一种物质,已溶物质又非常易溶,不易析出。

2. 将待重结晶物质制成热的饱和溶液

制饱和溶液时,可查阅有关的文献和手册,了解某化合物在各种溶剂中不同温度的溶解度;也可通过实验来确定化合物的溶解度,即可取少量的重结晶物质在试管中,加入不同种类的溶剂进行预试。通过试验结果或查阅溶解度数据计算被提取物所需溶剂的量,再将被提取物置于锥形瓶中,加入较需要量稍少的适宜溶剂,加热到微微沸腾一段时间后,若未完全溶解,可再添加溶剂。每次加溶剂后需再加热使溶液沸腾,直至被提取物完全溶解(但应注意,在补加溶剂后,发现未溶解固体不减少,应考虑是不溶性杂质,此时就不要再补加溶剂,以免溶剂过量)。

(1)水作溶剂:将待重结晶的固体放入锥形瓶或烧杯中,加入比需要量(根据查得的溶解度数据或溶解度实验方法所得结果估计得到)稍少的适量水,加热至沸腾,如未全溶,可逐滴加入溶剂至刚好完全溶解,记下所用溶剂的量,然后再多加 20%～30%水。

(2)有机溶剂:使用有机溶剂重结晶时,必须用锥形瓶或圆底烧瓶,上面加上冷凝管,安装成回流装置。使用沸点在 80 ℃ 以下的溶剂,加热时必须用水浴,把固体放入瓶内,加入适量溶剂,加热至沸,如有不溶,再从冷凝管上口逐渐加入溶剂至刚刚溶解,然后再补加 20％～30％ 的溶剂。

3. 加活性炭脱色

若溶液中含有色杂质,则应加活性炭脱色,应特别注意活性炭的使用。如需脱色,待溶液稍冷后,加入活性炭(用量为固体 1％～5％),煮沸 5～10 min(切不可在沸腾的溶液中加入活性炭,那样会有暴沸的危险)。

4. 趁热过滤除去不溶性杂质

在粗制品的热饱和溶液中,加入少量活性炭脱色,以除去有色杂质,再进行热过滤,以防止在过滤时因温度降低而析出结晶。趁热过滤主要有常压热过滤和减压热过滤。

(1)常压热过滤装置如图 2-4-1 所示。采用扇形滤纸,可增大与溶液的接触面积,加快过滤速度。同时需用热水漏斗进行保温。热水漏斗(又称保温漏斗)是由铜(或铁)制成,中间有夹层可放热水,旁边有柄可以加热,使热水漏斗保持恒定的温度。它的内部再放入一个短颈玻璃漏斗,将已折叠好的扇形滤纸放入其中,滤纸向外的棱边应紧贴漏斗壁,滤纸的上沿不得高于漏斗口的边缘,在漏斗柄的下面放一个锥形瓶接收滤液。热过滤前应先用少量热溶剂润湿滤纸。过滤时若溶剂是水,可加热漏斗柄;若为可燃性溶剂,过滤时应停止加热。

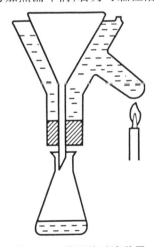

图 2-4-1　常压热过滤装置

为了提高过滤速度,滤纸最好折成扇形滤纸(又称折叠式滤纸、菊花形滤纸),其折叠方法如图 2-4-2 所示。

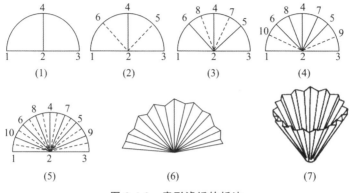

图 2-4-2　扇形滤纸的折法

将圆形滤纸折成对半,然后再折为四分之一,以边 3 对边 4 叠成边 5,边 1 对边 4 叠成边 6,以边 4 对边 5 叠成边 7,边 4 对边 6 叠成边 8,依次以边 1 对边 6 叠成边 10,边 3 对边 5 叠成边 9,这时折得的滤纸外形如图。在折叠时应注意,滤纸中心部位不可用力压得太紧,以免在过滤时,滤纸底部由于磨损而破裂。然后将滤纸在 1 和 10、6 和 8、4 和 7 等各边之间依次朝相反方向折叠,直叠到边 9 与边 3 间为止,做成扇形,最后做成如图 2-4-2(6)的折叠滤纸,再翻转备用,避免被手指弄脏的一面接触滤液。即可放在漏斗中使用。

趁热过滤时,先熟悉热水漏斗的构造,放入扇形滤纸(要使扇形滤纸向外突出的棱角紧贴于漏斗壁上),先用少量热的溶剂润湿滤纸(以免干滤纸吸收溶液中的溶剂,使结晶析出而堵塞滤纸孔),将溶液沿玻棒倒入。过滤时,漏斗上可盖上表面皿(凹面向下)以减少溶剂的挥发,盛溶液的器皿一般用锥形瓶(只有水溶液才可收集在烧杯中)。

(2)减压热过滤装置如图 2-4-3 所示。

①布氏漏斗(又称瓷孔漏斗)。它的上面放一张圆形滤纸,滤纸的直径应略小于漏斗内径,但又恰好将漏斗底部的小孔全部盖住。吸滤前,用少量溶剂将滤纸润湿并抽紧。若滤纸的直径与漏斗内径相等,由于滤纸的膨胀就会贴不紧漏斗壁,抽滤时结晶就会从滤纸边缘抽入吸滤瓶中。特别是热过滤除活性炭时,一定要防止活性炭被抽入吸滤瓶中,以免造成返工。

②吸滤瓶(又称抽滤瓶)是带支管的锥形瓶,但玻璃瓶壁较厚,故不能用直

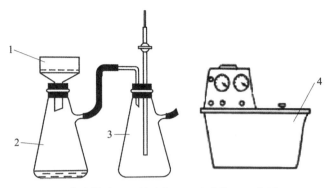

1—布氏漏斗;2—抽滤瓶;3—安全瓶;4—水泵

图 2-4-3　减压过滤装置

火加热。它能承受压力,故减压蒸馏中可用作安全瓶。抽滤时,它的支管与抽气管相连接,并将布氏漏斗固定在吸滤瓶上,胶塞必须紧密不漏气,漏斗下口斜面要正对吸滤瓶的支管,以防止滤液被抽走。吸滤瓶用来接收滤液,它的体积应考虑滤液量的多少。

③安全瓶。当关闭水泵时,为了防止水的倒吸,应先打开安全瓶上的放气活塞,再关闭水泵。若无安全瓶,则应先拔除连接的皮管,再停水泵。

④抽气管(又称水泵)。水泵的侧管通过厚壁橡皮管与安全瓶相连接,或直接与吸滤瓶的支管相连接。

当使用抽滤进行热过滤时,必须先用热水将布氏漏斗和吸滤瓶进行预热,同时在抽滤过程中,吸滤瓶的外面还需用热水浴保温,以避免在吸滤瓶中析出结晶,并在漏斗内一直保持较多的溶液,使漏斗保温防止结晶析出。为了防止由于减压使热溶剂沸腾而被抽走,可采用手稍稍捏住抽气皮管,以使沸腾现象得到缓和。若使用与水不相混溶的有机溶剂时,由于此种溶剂润湿的滤纸不易贴紧漏斗壁,一般不宜采用减压热过滤,可使用热水漏斗与扇形滤纸进行常压热过滤。

5. 结晶

(1)滤液在室温或保温下静置使之缓缓冷却(如滤液已析出晶体,可加热使之溶解),析出晶体,再用冷水充分冷却。必要时,可进一步用冰水或冰盐水等冷却(视具体情况而定,若使用的溶剂在冰水或冰盐水中能析出结晶,就不能采用此步骤)。

(2)有时由于滤液中有焦油状物质或胶状物存在,使结晶不易析出,或有时因形成过饱和溶液也不析出晶体,在这种情况下,可用玻棒摩擦器壁以形成粗糙面,使溶质分子成定向排列而形成结晶的过程较在平滑面上迅速和容易;或者投入晶种(同一物质的晶体,若无此物质的晶体,可用玻棒蘸一些溶液,稍干后即会析出晶体),供给定形晶核,使晶体迅速形成。

(3)有时被提纯化合物呈油状析出,虽然该油状物经长时间静置或足够冷却后也可固化,但这样的固体往往含有较多的杂质(杂质在油状物中常比在溶剂中的溶解度大;同时,析出的固体中还包含一部分母液),纯度不高。用大量溶剂稀释,虽可防止油状物生成,但将使产物大量损失。这时可将析出油状物的溶液重新加热溶解,然后慢慢冷却。一旦油状物析出时便剧烈搅拌混合物,使油状物在均匀分散的状况下固化,但最好是重新选择溶剂,使其得到晶形产物。

6. 抽滤

抽气过滤(即减压过滤)也是利用水泵(又称抽气管)减压,使结晶与母液迅速有效地分离。抽滤装置如图 2-4-3。

抽滤前应先用少量溶剂润湿滤纸,打开水泵,并慢慢关闭安全瓶上的活塞使吸滤瓶中产生部分真空,滤纸紧贴漏斗。然后借助玻璃棒将溶液和结晶分批倒入布氏漏斗中,漏斗中的液面不要超过漏斗深度的 3/4。剩下黏附在器壁上的少许结晶,可用少量母液冲洗,一并倒入漏斗内。当母液流尽后,用玻棒将漏斗边缘的结晶移向中间,并用玻璃瓶盖把结晶压紧,尽量除去母液。当布氏漏斗不再滴液时,将吸滤瓶与水泵间连接的橡胶管拆开,或旋开安全瓶上的活塞接通大气,然后关闭水泵。

7. 结晶的洗涤和干燥

通过洗涤除去晶体上附着的母液时,需暂时停止抽气,用玻棒将结晶搅松,加入少量冷溶剂后再轻轻搅拌,使结晶均匀地被溶剂润湿浸透,待几分钟后,再进行抽滤,重复操作两次,就可将滤饼洗净。如重结晶溶剂沸点较高,用原溶剂至少洗涤一次后,可用低沸点的溶剂洗涤,使最后的结晶产物易于干燥(要注意该溶剂必须是能和第一种溶剂互溶而对晶体是不溶或微溶的)。抽滤和洗涤后的结晶,表面上吸附有少量溶剂,因此尚需用适当的方法进行干燥。

固体(结晶)干燥的方法很多,要根据重结晶所用溶剂及结晶的性质来选择:

(1)空气晾干(不吸潮的低熔点物质在空气中干燥是最简单的干燥方法)。

(2)烘干(对空气和温度稳定的物质可在烘箱中干燥,烘箱温度应比被干燥物质的熔点低 20～50 ℃)。

(3)用滤纸吸干(此方法易将滤纸纤维污染到固体物上)。

(4)置于干燥器中干燥。

三、重结晶操作实验

1. 苯甲酸的重结晶

称取 1.5～2.0 g 粗苯甲酸,放在烧杯(或锥形瓶中),加入少量水,搅拌加热至沸腾,若仍不完全溶解,再加少量水直到完全溶解后,再多加 2～3 mL 水。稍冷,加入少许活性炭,继续加热 5～10 min,进行减压热过滤,滤液置于烧杯中,令其冷却析出结晶。结晶析出完全以后,用布氏漏斗抽滤,以少量水在漏斗上洗涤产品,压紧抽干(或转移至表面皿中,晾干),称重。

2. 萘的重结晶

称取 1.0 g 粗萘,加入 100 mL 圆底烧瓶中,并加入 1 粒沸石和 30 mL 95%乙醇,安装好球形冷凝管,接通冷却水,加热至沸腾后,观察萘的溶解情况。若仍存在未溶完的萘,则停止加热,自球形冷凝管上端倒入几毫升乙醇(记录加入乙醇的体积),并再投入 1 粒沸石,重新加热至沸腾。如此反复,直至加入的萘刚好溶解,再多加 2～5 mL 乙醇。

将沸腾溶液稍放冷后,加入 0.1 g 活性炭,再加热煮沸 5～10 min,进行减压热过滤,其他步骤同上。

3. 用乙醇-水混合溶剂重结晶对溴乙酰苯胺

从手册中查出,对溴乙酰苯胺溶于乙醇,而不溶于水,所以可用乙醇-水混合溶剂重结晶,通常用 60%乙醇水溶液重结晶。

把 1 g 样品溶于沸腾的易溶溶剂(乙醇)中,溶剂量用 9 mL 95%乙醇较为合适。活性炭脱色数分钟后,进行减压热过滤或常压热过滤。如常压热过滤,事先在烘箱中烘热无颈漏斗,过滤时趁热从烘箱中取出,把漏斗安置在铁圈上,于漏斗中放一预先叠好的折叠滤纸,用少量热的 60%乙醇润湿折叠滤纸后,将上述热溶液通过折叠滤纸,迅速地滤入干燥的锥形瓶中(注意这时附近不应有明火)。每次倒入漏斗中的液体不要太满,也不要等溶液全部滤完后再加。待所有的溶液过滤完毕后,用少量热的 60%乙醇洗涤容器和滤纸。然后在热水浴中逐渐向滤液中加入去离子水,边加边摇荡,直至出现混浊不再消失为止,水量约为 5.5 mL,再加热或加几滴乙醇使混浊消失,放置冷却结晶。结晶的析出、分离及干燥的操作与苯甲酸重结晶相同。

四、思考题

1. 重结晶法一般包括哪几个步骤? 各步骤的主要目的是什么?

2. 重结晶时,溶剂的用量为什么不能太多,也不能过少? 正确的用量应如何判断?

3. 用活性炭脱色为什么要待固体物质完全溶解后才加入? 为什么不能在溶液沸腾时加入?

4. 使用有机溶剂重结晶时,哪些操作容易着火? 如何避免?

5. 使用布氏漏斗过滤时,如果滤纸大于漏斗瓷孔面有何影响?

6. 停止抽滤前,如不先拔除橡皮管就关住水阀(泵)会出现什么问题?

7. 某一有机化合物进行重结晶,最适合的溶剂应该具有哪些性质?

8. 将溶液进行热过滤时,为什么要尽可能减少溶剂的挥发? 如何减少其挥发?

9. 在布氏漏斗中用溶剂洗涤固体时应该注意哪些问题?

2-5 萃 取

用溶剂从固体或液体混合物中提取所需要的物质,这一操作过程就称为萃取(extraction)。萃取不仅是提取和纯化有机化合物的一种常用方法,而且可以用来洗去混合物中的少量杂质。

一、实验原理

萃取是提取、分离或纯化有机化合物的常用操作之一。按萃取两相的不同,萃取可分为液-液萃取、液-固萃取。这里主要介绍液-液萃取。

液-液萃取是利用同一物质在两种互不相溶(或微溶)的溶剂中具有不同溶解度的性质,将其从一种溶剂转移到另一种溶剂中,从而达到分离或提纯目的的一种方法。

分配定律是液-液萃取方法的主要理论依据。在一定温度下,同一种物质

(M)在两种互不相溶的溶剂(A、B)中遵循如下分配原理:

$$\frac{c_A(物质在\ A\ 溶剂中的浓度)}{c_B(物质在\ B\ 溶剂中的浓度)} = K$$

在萃取时,提高分配系数可以提高萃取的效率。改变溶质在水中的溶解度,增大分配系数的方法有:(1)利用"盐析效应",在水相中加入强电介质如氯化钠可降低溶质在水中的溶解度;(2)改变溶液 pH 值,可影响某些酸碱物质的水溶性。

利用分配定律可以计算出经过 n 次萃取后化合物在水相中的剩余量。

设 V 为样品溶液的体积,m_0 为萃取前溶质的总量,m_1 为萃取一次后溶质留在水溶液中的量,m_2 为萃取两次后溶质的剩余量,m_n 为萃取 n 次后溶质的剩余量,S 为每次使用的萃取溶剂的体积。

经一次萃取后,在原溶液和有机相中溶质的浓度分别为 m_1/V 和 $(m_0-m_1)/S$,两者之比等于 K,即有 $\dfrac{m_1/V}{(m_0-m_1)/S} = K$,整理后得

$$m_1 = m_0\ \frac{KV}{KV+S}$$

经二次萃取后则有

$$m_2 = m_0\left(\frac{KV}{KV+S}\right)^2$$

故,经 n 次萃取后有

$$m_n = m_0\left(\frac{KV}{KV+S}\right)^n$$

式中 $\dfrac{KV}{KV+S}$ 小于 1,因此 n 越大,m_n 就越小,也就是说,以一定量的溶剂进行多次萃取比用全量一次萃取效果好。

当然,这并不是说萃取次数越多,效率就越高。溶剂总量不变时,萃取次数 n 增加,S 就要减小。当 $n>5$ 时,n 和 S 两个因素的影响几乎相互抵消了,n 再增加,$m_n/(m_n+1)$ 的变化很小,一般同体积溶剂分为 3～5 次萃取即可。

此外,萃取效率还与溶剂的选择密切相关。一般来讲,选择溶剂的基本原则是:对被提取物质溶解度较大;与原溶剂不相混溶;沸点低,毒性小。例如,从水中萃取有机物时常用氯仿、石油醚、乙醚、乙酸乙酯等溶剂;若从有机物中洗除其中的酸或碱或其他水溶性杂质时,可分别用稀碱或稀酸或直接用水洗涤。

如果要从固体中提取某些组分,则利用样品中被提取组分和杂质在同一溶剂中具有不同溶解度的性质进行提取和分离。常采用浸出法,利用溶剂的长时间浸泡溶解可将固体混合物中所需要的物质浸取出来。这种方法无须特殊仪器,但效率不高,费时长且溶剂用量大,一般用于提取大量固体混合物中的物质。提取少量固体混合物中的物质时,可利用索氏提取器,应用溶剂回流及虹吸原理,可使一定量的溶剂多次与固体接触时都是新鲜的,提取效率很高。

二、实验方法

1. 液-液萃取

将分液漏斗[1]洗净,检漏,确认不漏水后,关好活塞,将分液漏斗置入固定在铁架台上的铁圈中,把待萃取混合液和萃取剂倒入分液漏斗,盖好上口塞。用右手握住分液漏斗上口,并以右手食指摁住上口塞;左手握住分液漏斗下端的活塞部位,小心振荡,使萃取剂和待萃取混合液充分接触。振荡过程中,要不时将漏斗尾部向上倾斜并打开活塞,以排出因振荡而产生的气体[2](见图2-5-1)。振荡、放气操作重复数次后,将分液漏斗再置放在铁圈上,静置分层[3]。当两相分清后,先打开分液漏斗上口塞,然后打开活塞,使下层液经活塞孔从漏斗下口慢慢放出[4],上层液自漏斗上口倒出[5]。这样,萃取剂便带着被萃取物质从原混合物中分离出来[6]。一般像这样萃取3次就可以了。将萃取液合并,经干燥后通过蒸馏蒸除萃取剂就可以获得提取物。

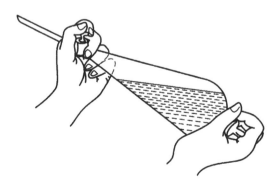

图 2-5-1　分液漏斗的使用

2. 液-固萃取

将待提取物研细并用滤纸包起来以细线扎牢,呈圆柱状,置入索氏提取器[7](又称脂肪提取器)内。向圆底烧瓶中加入溶剂,并投放几粒沸石,配置冷凝管(见图 2-5-2)。开始加热,使溶剂沸腾,保持回流冷凝液不断滴入提取筒中,溶剂逐渐积聚。当其液面高出虹吸管顶端时,浸泡样品的萃取液便会自动流回烧瓶中。溶剂受热后又会被蒸发,溶剂蒸气经冷凝又回流至提取筒中,如此反复,使萃取物不断地积聚在烧瓶中。当萃取物基本上被提取出来后,蒸除溶剂,即可获得提取物。

图 2-5-2 液-固萃取装置

三、操作实验

用乙酸乙酯从乙酸水溶液中萃取乙酸。

1. 一次萃取

用移液管准确移取 2％乙酸溶液 5.00 mL 于 60 mL 分液漏斗中,用量筒取 14 mL 乙酸乙酯加入分液漏斗中,萃取,静置,分层。下层水溶液分离至一个 250 mL 锥形瓶中,加 5 mL 水,以酚酞作指示剂,用 NaOH 标准溶液滴定,记下 NaOH 溶液毫升数。分液漏斗中上层的乙酸乙酯从上口倒出,回收。

2. 二次萃取

60 mL 分液漏斗中加入 2％乙酸溶液 5.00 mL,用 7 mL 乙酸乙酯进行萃取,下层水溶液分离至另一洁净的分液漏斗中,回收酯液。向装有原水层的分液漏斗中加入 7 mL 乙酸乙酯再提取一次。下层水溶液分离至一个 250 mL 锥形瓶中,加 5 mL 水,以酚酞作指示剂,用 NaOH 标准溶液滴定,记下 NaOH 溶液毫升数。分液漏斗中上层的乙酸乙酯从上口倒出,回收。

计算萃取率,比较一定量的溶剂全量一次萃取和分两次萃取的萃取效率。

$$萃取率 \% = \left(1 - \frac{c_{NaOH}(mol/L) \times V_{NaOH}(mL)}{1000 \times n_{乙酸}(mol)}\right) \times 100\%$$

四、注解与注意事项

[1]所用分液漏斗的容积一般要比待处理的液体体积大 1~2 倍。在分液漏斗的活塞上应涂上薄薄一层凡士林,注意不要抹在活塞孔中,然后转动活塞使其均匀透明。在萃取操作之前,应先加入适量的水以检查活塞处是否滴漏。

[2]在使用低沸点溶剂(如乙醚)作萃取剂时,或使用碳酸钠溶液洗涤含酸液体时,应注意在摇荡过程中要不时地放气。否则,分液漏斗中的液体易从上口塞处喷出。

[3]如果在振荡过程中,液体出现乳化现象,可以通过加入强电解质(如食盐)破乳。

[4]如果打开活塞却不见液体从分液漏斗下端流出,首先应检查漏斗上口塞是否打开。如果上口塞已打开,液体仍然放不出,那就该检查活塞孔是否被堵塞。

[5]在分液时,上层液应从漏斗上口倒出,以免上层液受污染。

[6]分液时,如果一时不知哪一层是萃取层,则可以通过再加入少量萃取剂来判断:当加入的萃取剂穿过分液漏斗中的上层液溶入下层液,则下层是萃取相;反之,则上层是萃取相。为了避免出现失误,最好将上下两层液体都保留到操作结束。

[7]以索氏提取器来提取物质,最显著的优点是节省溶剂。不过,由于被萃取物要在烧瓶中长时间受热,对于受热易分解或易变色的物质就不宜采用这种方法。此外,应用索氏提取器来萃取,所使用溶剂的沸点也不宜过高。

2-6　常压蒸馏

液态物质受热沸腾化为蒸气,蒸气经冷凝又转变为液体并加以接收,这个操作过程称作蒸馏(distillation)。蒸馏是纯化和分离液态物质的一种常用方法,通过蒸馏还可以测定纯液态物质的沸点。

一、实验原理

液体的分子由于分子运动有从表面逸出的倾向,这种倾向随着温度的升高而增大,进而在液面上部形成蒸气。当分子由液体逸出的速度与分子由蒸气中回到液体中的速度相等时,液面上的蒸气达到饱和,称为饱和蒸气。它对液面所施加的压力称为饱和蒸气压。实验证明,液体的蒸气压只与温度有关,即液体在一定温度下具有一定的蒸气压(见图 2-6-1)。

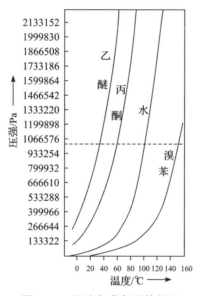

图 2-6-1 温度与蒸气压的关系

当液体的蒸气压增大到与外界施于液面的总压力(通常是大气压力)相等时,就有大量气泡从液体内部逸出,即液体沸腾。这时的温度称为液体的沸点。

纯的液态物质在一定压力下具有确定的沸点,不同的物质具有不同的沸点。蒸馏操作就是利用不同物质的沸点差异对液态混合物进行分离和纯化。当液态混合物受热时,由于低沸点物质易挥发,首先被蒸出,而高沸点物质因不易挥发或挥发出的少量气体易被冷凝而滞留在蒸馏瓶中,从而使混合物得以分离。不过,只有当组分沸点相差在 30 ℃ 以上时,蒸馏才有较好的分离效果。如果组分沸点差异不大,就需要采用分馏操作对液态混合物进行分离和纯化。

需要指出的是,具有恒定沸点的液体并非都是纯化合物,因为有些化合物相互之间可以形成二元或三元共沸混合物,而共沸混合物是不能通过蒸馏操作进行分离的。通常,纯化合物的沸程(沸点范围)较小(0.5~1 ℃),而混合物的沸程较大。因此,蒸馏操作既可用来定性地鉴定化合物,也可用以判定化合物的纯度。

二、实验方法

安装好[1]蒸馏烧瓶[2]、蒸馏头、冷凝管[3]、接引管(又称尾接管)和接收瓶[4](见图 2-6-2),然后将待蒸馏液体通过漏斗从蒸馏烧瓶口加入瓶中,投入1~2粒沸石[5],再配置温度计[6]。

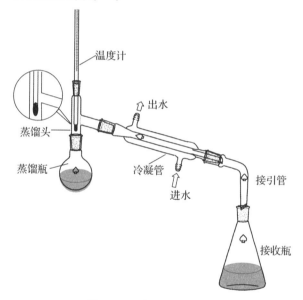

图 2-6-2　常压蒸馏装置

接通冷凝水,开始加热[7],使瓶中液体沸腾。调节火焰(或调节电压),控制蒸馏速度,以每秒1~2滴为宜。在蒸馏过程中,注意温度计读数的变化,记下第一滴馏出液流出时的温度。当温度计读数稳定后,另换一个接受瓶收集馏分。如果仍然保持平稳加热,但不再有馏分流出,而且温度会突然下降,表明该段馏分已近蒸完,需停止加热,记下该段馏分的沸程和体积(或质量)。馏分的温度范围愈小,其纯度愈高。

有时,在有机反应结束后,需要对反应混合物直接蒸馏,此时,可以将三口烧瓶作蒸馏瓶组装成蒸馏装置直接进行蒸馏(见图 2-6-3)。

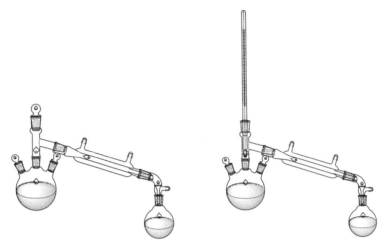

图 2-6-3　由反应装置改装的蒸馏装置

三、操作实验

1. 乙醇的常压蒸馏

按图 2-6-2 安装好蒸馏装置,量取约 100 mL 工业酒精于 250 mL 蒸馏烧瓶中,加入 1~2 粒沸石,进行常压蒸馏。要注意在蒸馏过程中,温度计水银球上始终保持有液滴存在。蒸馏速率控制在馏出液流出的速率为每秒钟 1~2 滴。

第一滴馏出液滴入接收器时,记录此时温度计的读数,注意观察蒸馏过程中的温度变化,在达到收集物的沸点之前,如果液体不纯,常有沸点较低的液体蒸出,这部分馏出液通常称为前馏分或馏头。待前馏分蒸出且温度计的读数稳定,换一个洁净干燥的接收瓶,并准确记录所收集的馏分从开始馏出和馏出完全时的温度。纯无水乙醇的沸点为 78.5 ℃。收集的馏分沸点范围越窄(沸间距越小),则馏分的纯度越高。

当所要收集的物质蒸馏收集完全后,维持原来的温度不会再有馏分流出,同时,由于没有蒸气经过温度计水银球,温度会突然下降。注意不要让蒸馏瓶中的液体完全蒸干[8]。

2. 丙酮和水的常压蒸馏

按图 2-6-2 安装好蒸馏装置,量取约 100 mL 丙酮水溶液(丙酮 50 mL,水

50 mL)于 250 mL 蒸馏烧瓶中,加入 1～2 粒沸石,进行常压蒸馏。分别收集温度为 56～60 ℃、60～70 ℃、70～80 ℃、80～90 ℃、90～100 ℃时的馏出液,并用量筒分别测量体积,根据温度和体积绘出蒸馏曲线图。

四、注解与注意事项

[1]整个装置要求准确端正,安全适用,无论从正面或侧面观察,全套仪器的轴线都要在同一平面内。所有的铁夹和铁架都应尽可能整齐地放在仪器的背部。安装固定蒸馏瓶,铁夹一般夹在瓶口的位置;安装冷凝管时,铁夹一般夹在冷凝管的中间部位。

[2]蒸馏烧瓶大小的选择依待蒸馏液体的量而定。通常,待蒸馏液体的体积占蒸馏烧瓶容积的 1/3～2/3。

[3]当待蒸馏液体的沸点在 140 ℃ 以下时,应选用直形冷凝管;沸点在 140 ℃ 以上时,就要选用空气冷凝管,若仍用直形冷凝管则易发生爆裂。

[4]如果蒸馏装置中所用的接引管无侧管,则接引管和接受瓶之间应留有空隙,以确保蒸馏装置与大气相通。否则,封闭体系受热后会引发事故。

[5]沸石是一种带多孔性的物质,如素瓷片或毛细管。当液体受热沸腾时,沸石内的小气泡就成为气化中心,使液体保持平稳沸腾。如果蒸馏已经开始,但忘了投沸石,此时千万不要直接投放沸石,以免引发暴沸。正确的做法是,先停止加热,待液体稍冷片刻后再补加沸石。

[6]温度计水银球上沿应与蒸馏头支管的下沿在同一水平线上。

[7]蒸馏低沸点易燃液体(如乙醚)时,千万不可用明火加热,此时可用热水浴加热。蒸馏沸点较高的液体时,可以用明火加热。明火加热时,烧瓶底部一定要置放石棉网,以防因受热不匀而炸裂。

[8]无论何时,都不要使蒸馏烧瓶蒸干,以防意外。

2-7　减压蒸馏

有些有机化合物热稳定性较差,常常在受热温度还未到达其沸点就已发生分解、氧化或聚合。对这类化合物的纯化或分离就不宜采取常压蒸馏的方法,而应该在减压条件下进行。减压蒸馏又称真空蒸馏(vacuum distillation),可以将有机化合物在低于其沸点的温度下蒸馏出来。减压蒸馏尤其适合于蒸馏那些沸点高、热稳定性差的有机化合物。

一、实验原理

液体化合物的沸点与外界压力有密切的关系。当外界压力降低时,液体表面分子逸出而沸腾所需要的能量会减少,即外界压力降低,液体沸点就会随之下降。例如,苯甲醛在常压 101.3 kPa(760 mmHg)下的沸点为 179 ℃,当压力降至 6.7 kPa(50 mmHg)时,其沸点降低到 95 ℃。通常,当压力降低到 2.67 kPa(20 mmHg)时,多数有机化合物的沸点要比常压下的沸点低 100 ℃ 左右。沸点与压力的关系可近似地用图 2-7-1 推出。例如,某一化合物在常压下的沸点为 200 ℃,若要在 4.0 kPa(30 mmHg)的减压条件下进行蒸馏操作,那么其蒸出沸点是多少呢?首先在图 2-7-1 中常压沸点刻度线上找到 200 ℃标示点,在系统压力曲线上找出 4.0 kPa(30 mmHg)标示点,然后将这两点连接成一直线并向减压沸点刻度线延长相交,其交点所示的数字就是该化合物在 4.0 kPa(30 mmHg)减压条件下的沸点,即 100 ℃。在没有其他资料来源的情况下,由此法所得估计值对于实际减压蒸馏操作还是具有一定参考价值的。

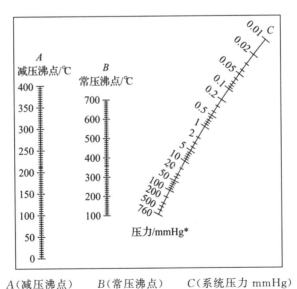

A(减压沸点)　　　B(常压沸点)　　　C(系统压力 mmHg)

图 2-7-1　液体在常压和减压下沸点的近似关系

二、实验方法

通常减压蒸馏系统(如图 2-7-2)由蒸馏装置、安全瓶、气体吸收装置、缓冲瓶及测压装置组成。减压蒸馏操作时,依次连接蒸馏烧瓶、克氏蒸馏头、冷凝管、真空接引管及接收瓶,用长颈玻璃漏斗将待蒸馏物质加入蒸馏烧瓶中,配置毛细管,使毛细管尽量接近瓶底[1][2]。

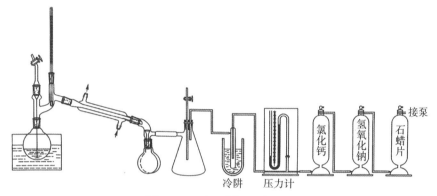

图 2-7-2　减压蒸馏系统装置

将真空接引管用厚壁真空橡皮管依序与安全瓶、冷却阱、真空计、气体吸收塔、缓冲瓶及油泵相连接[3]。冷却阱可置于广口保温瓶中,用液氮或冰-盐冷却剂冷却。

先打开安全瓶上的活塞,使体系与大气相通。然后开启油泵抽气[4],慢慢关闭安全瓶上的旋塞,同时注意观察压力计读数的变化[5]。小心旋转安全瓶上的旋塞,使体系真空度调节至所需值。

接通冷凝管上的冷凝水,开始用热浴液对蒸馏烧瓶加热[6],通常浴液温度要高出待蒸馏物质减压时的沸点 30 ℃左右。蒸馏速度以每秒 1～2 滴为宜。当有馏分蒸出时,记录其沸点及相应的压力读数。如果待蒸馏物中有几种不同沸点的馏分,可通过旋转多头接引管收集不同的馏分。

蒸馏结束后,停止加热,慢慢打开安全瓶上的旋塞,待系统内外的压力达到平衡后,关闭油泵。

在使用油泵进行减压蒸馏前,通常要对待蒸馏混合物做预处理,或者在常压下进行简单蒸馏(见第二章 2-6 常压蒸馏),或者在水泵减压下利用旋转蒸发仪蒸馏(见图 2-7-3),以蒸除低沸点组分。

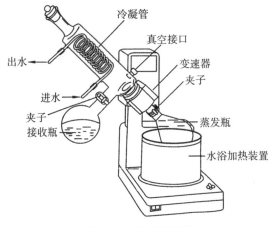

图 2-7-3 旋转蒸发仪

三、注解与注意事项

[1]在减压蒸馏装置中,从克氏蒸馏头直插蒸馏瓶底的是末端如细针般的毛细管,它起到引入气化中心的作用,使蒸馏平稳。如果蒸馏瓶中装入磁力搅拌子,在减压蒸馏过程中,开启磁力搅拌器,也可保持平稳蒸馏,这样就不必安装毛细管。如果待蒸馏物对空气敏感,在磁力搅拌下减压蒸馏就比较合适。此时若仍使用毛细管,则应通过毛细管导入惰性气体(如氮气)来加以防护。

[2]如果蒸馏少量高沸点或低熔点物质,则可省去冷凝管。如果蒸馏温度较高,在高温蒸馏时,为了减少散热,可在克氏蒸馏头处用玻璃棉等绝热材料缠绕起来。如果在减压条件下,液体沸点低于 140~150 ℃,可用冷水浴对接收瓶冷却。

[3]使用油泵时,应注意防护与保养,不可使水分、有机物质或酸性气体侵入泵内,否则会严重降低油泵的效率。在蒸馏装置与油泵之间安装安全瓶、冷却阱、气体吸收塔及缓冲瓶,目的是保护油泵。倘若在蒸馏时,突然发生暴沸或冲料,安全瓶就起到防护作用。有时系统内压力发生突然变化,导致泵油倒吸,缓冲瓶的设置就可以避免泵油冲入气体吸收塔。另外,装在安全瓶口上的带旋塞双通管可用来调节系统压力或放气。对于那些被抽出来的沸点较低的组分,可视具体情况将冷却阱浸入盛有液氮或干冰或冰-水或冰-盐等

冷却剂的广口保温瓶中进行冷却。吸收塔(也称干燥塔)一般设 2～3 个。这些干燥塔中分别装有无水氯化钙、颗粒状氢氧化钠及片状固体石蜡,用以吸收水分、酸性气体及烃类气体。应该指出的是,在用油泵减压蒸馏前,一定要先做简单蒸馏或用水泵减压蒸馏,以蒸除低沸点物质,防止低沸点物质抽入油泵。

[4]打开油泵后,要注意观察压力计。如果发现体系压力无多大变化,或系统不能达到油泵应该达到的真空度,就该检查系统是否漏气。检查前先将油泵关闭,再分段查那些连接部位。如果蒸馏装置漏气,可以在蒸馏装置的各个连接部位适当地涂一点真空脂,并通过旋转使磨口接头处吻合致密。若在气体吸收塔及压力计等其他相串联的接合部位漏气,可涂上少许熔化的石蜡,并用电吹风加热熔融(或涂上真空脂)。检查完毕,即可按实验方法所述程序开启油泵。

[5]封闭式水银压力计(见图 2-7-4)常用于测量减压系统的真空度。其两臂汞面高度之差即为减压系统的真空度。使用时应当注意,当减压操作结束时,要小心旋开安全瓶上的双通旋塞,让气体慢慢进入系统,使压力计中的水银柱缓缓复原,以避免因系统内的压力突增使水银柱冲破玻璃管。

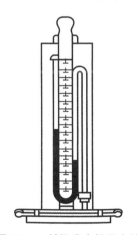

图 2-7-4　封闭式水银压力计

[6]减压蒸馏时,一定要采用油浴(或水浴)的方法进行均匀加热。一般浴温要高出待蒸馏物在减压时的沸点 30 ℃左右。

2-8 水蒸气蒸馏

水蒸气蒸馏是分离和纯化有机化合物的重要方法之一,它广泛用于从天然原料中分离出液体和固体产物,特别适用于分离那些在沸点附近易分解的物质,也适用于分离含有不挥发性杂质或大量树脂状杂质的产物,还适用于从较多固体反应混合物中分离被吸附的液体产物,其分离效果较常压蒸馏、重结晶好。

一、实验原理

当两种互不相溶(或难溶)的液体 A 与 B 共存于同一体系时,每种液体都有各自的蒸气压,其蒸气压的大小与每种液体单独存在时的蒸气压一样(彼此不相干扰)。根据道尔顿(Dalton)分压定律,混合物的总蒸气压为各组分蒸气压之和,即

$$p = p_A + p_B$$

混合物的沸点是总蒸气压等于外界大气压时的温度,因此混合物的沸点比其中任一组分的沸点都要低。水蒸气蒸馏就是利用这一原理,将水蒸气通入不溶或难溶于水的有机化合物中,使该有机化合物在 100 ℃ 以下便能随水蒸气一起蒸馏出来。当馏出液冷却后,有机液体通常可从水相中分层析出。

根据状态方程式,在馏出液中,随水蒸气蒸出的有机物与水的物质的量之比(n_A、n_B 表示此两种物质在一定体积气相中的物质的量)等于它们在沸腾时混合物蒸气中的分压之比,即

$$\frac{n_A}{n_B} = \frac{p_A}{p_B}$$

而 $n_A = \dfrac{m_A}{M_A}$,$n_B = \dfrac{m_B}{M_B}$,其中 m_A、m_B 为两种物质(A、B)在一定体积中蒸气的质量,M_A、M_B 为其摩尔质量。因此这两种物质在馏出液中的相对质量可按下式计算:

$$\frac{m_A}{m_B} = \frac{M_A n_A}{M_B n_B} = \frac{M_A p_A}{M_B p_B}$$

以苯胺为例,苯胺的沸点为 184.4 ℃,若苯胺用水蒸气蒸馏,当加热到 98.4 ℃时,水的蒸气压为 718 mmHg,苯胺的蒸气压为 42 mmHg,它们的总蒸气压为一个大气压,因此液体就开始沸腾。将苯胺在水蒸气蒸馏时的各项数据代入上式,则得到

$$\frac{m_{苯胺}}{m_{水}}=\frac{93\times42}{18\times718}=\frac{1}{3.3}(苯胺分子量=93)$$

也就是说,每蒸馏出 3.3 g 水时,就有 1 g 苯胺蒸出,即 1 g 苯胺和 3.3 g 水同时蒸出。上述关系式只适用于与水互不相溶或难溶的有机物,而实际上很多有机化合物在水中或多或少会溶解,因此这样的计算结果仅为近似值,而实际得到的要比理论值低。如果被分离、提纯的物质在 100 ℃以下的蒸气压为 1～5 mmHg,则其在馏出液中的含量约占 1%,甚至更低,这时就不能用水蒸气蒸馏来分离提纯,而要用过热水蒸气蒸馏,才能提高被分离或提纯物质在馏出液中的含量。

使用水蒸气蒸馏法时,被分离或纯化的物质应具备下列条件:

(1)不溶或难溶于水;

(2)在沸腾下与水长时间共存而不起化学反应;

(3)在 100 ℃左右时应具有一定的蒸气压(至少 666.5 Pa,即 5 mmHg)。

二、实验方法

1. 水蒸气蒸馏装置

图 2-8-1(b)所示为实验室常用的水蒸气蒸馏装置,包括水蒸气发生器、蒸馏部分、冷凝部分和接收器四部分。

水蒸气发生器(A 瓶)一般是用金属制成的,如图 2-8-1(a)所示,也可用圆底烧瓶代替。其上安装有一根长的玻璃管,将此管插入发生器,距底部 1～2 cm,可用来调节体系内部的压力,并可防止系统发生堵塞时出现危险。水蒸气发生器中注入的水不要过多,一般不要超过其容积的 2/3。从侧面的玻璃管可知器内水量的多少。

水蒸气发生器蒸气出口管与 T 形管相连,T 形管的另一端与蒸馏部分的导入管相连,这段水蒸气导入管应尽可能短些,以减少水蒸气的冷凝。T 形管下口接一段的橡皮管,用弹簧夹夹住,以便调节蒸气量并除去水蒸气中冷凝下

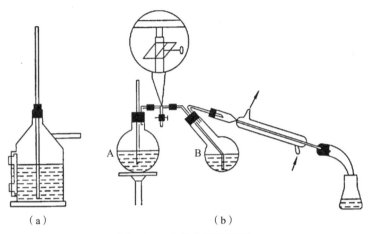

（a） （b）

图 2-8-1 水蒸气蒸馏装置

来的水,当操作发生不正常的情况时,可使水蒸气发生器与大气相通。

蒸馏瓶(B 瓶)可选用圆底烧瓶,也可用三口瓶。被蒸馏液体的体积不应超过蒸馏瓶容积的 1/3。圆底烧瓶应用铁夹夹紧,使它斜置与桌面成 45°角,以避免跳溅的液沫被蒸气带进冷凝管。

2. 水蒸气蒸馏操作步骤

按图 2-8-1 装好装置,将混合液加入蒸馏瓶(B 瓶)后,打开 T 形管上的弹簧夹。开始加热水蒸气发生器(A 瓶),使水沸腾。当有大量水蒸气从 T 形管的支管喷出时,将弹簧夹夹紧,使蒸气进入蒸馏系统。调节进气量,保证蒸气在冷凝管中全部冷凝下来。在蒸馏过程中,如水蒸气的冷凝而使蒸馏瓶(B 瓶)内液体量增加,超过烧瓶容积的 2/3 时,或者水蒸气蒸馏速度不快时,则将蒸馏瓶(B 瓶)隔石棉网加热。要注意若瓶内跳动剧烈,则不应加热,以免发生意外。蒸馏速度为每秒 2～3 滴。

在蒸馏过程中,必须经常检查安全管中的水位是否正常,有无倒吸现象,蒸馏部分混合物飞溅是否严重。若安全管中的水位持续上升,说明蒸馏系统内压增高,可能系统内发生堵塞。此时应立刻打开弹簧夹,移走热源,停止蒸馏,待故障排除后方可继续蒸馏。当蒸馏瓶内的压力大于水蒸气发生器内的压力时,将发生液体倒吸现象,此时,应打开弹簧夹或对蒸馏瓶进行保温,加快蒸馏速度。

如果随水蒸气蒸馏出的物质具有较高的熔点,在冷凝后易析出固体,则应调小冷凝水的流速,使馏出物冷凝后仍保持液态。假若已有固体析出,并阻塞冷凝管,可暂时终止冷凝水的流通,甚至暂时放去夹套内的冷凝水,以使凝固的物质熔融后随水流入接收器内。

当馏出液不再混浊时,用表面皿取少量馏出液,在日光或灯光下观察是否有油珠状物质,如果没有,可停止蒸馏。

停止蒸馏时先打开 T 形管上的弹簧夹,移走热源,待稍冷却后,将水蒸气发生器与蒸馏系统断开。收集馏出物或残液(有时残液是产物),最后拆除仪器。

当用磨口仪器装配时,几种常见水蒸气蒸馏装置如图 2-8-2 所示。

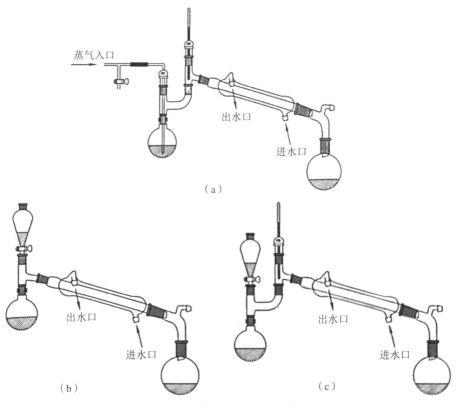

图 2-8-2 水蒸气蒸馏装置(磨口)

2-9 色谱分离技术

　　色谱法(chromatography)又称层析法,由俄国植物学家茨维特(M.Tswett)首创于1903年。色谱法起初用于有色化合物(如叶绿素等)的分离,目前它已发展成为分析混合物组分或纯化各种类型物质的特殊技术。色谱法的特点是集分离、分析于一体,简便、快速,能进行微量分析。它解决了许多其他分析方法所不能解决的问题,在医药卫生、生物化学、天然有机化学等学科中有着广泛的应用。随着电子计算机技术的迅速发展,出现了全自动气相色谱仪、高效液相色谱仪等,色谱法这一分离分析技术的灵敏度以及自动化程度不断提高。

　　凡色谱都有两相,位置固定的一相叫作固定相;另一相为流动的,称为流动相。色谱法的原理是利用混合物中各组分在不同的两相中溶解、吸附或其他亲和作用的差异,当流动相流经固定相时,各组分在两相中反复多次受到上述各种力的作用而得到分离。

　　色谱法可以有几种分类方法。

　　(1)按其分离过程的原理可分为吸附色谱法、分配色谱法、离子交换色谱法等。

　　(2)按固定相或流动相的物理状态可分为液-固色谱法、气-固色谱法、气-液色谱法、液-液色谱法等。

　　(3)按操作形式不同可分为薄层色谱法(thin layer chromatography,TLC)、柱色谱法(column chromatography)和纸色谱法(paper chromatography)等。借助薄层色谱或纸色谱,可以摸索柱色谱的分离条件(如吸附剂、展开剂等的选择),然后利用柱色谱较大量地分离和制备化合物。同时,柱色谱中也要利用薄层色谱与纸色谱来鉴定、分析、分段收集洗脱液中的各组分。

2-9-1 薄 层 色 谱

一、实验目的

　　1. 掌握薄层色谱的基本原理、应用和操作技术。

　　2. 利用薄层色谱方法分离、提纯和鉴定有机物。

二、实验原理

薄层色谱又称薄层层析,属于固-液吸附色谱,样品在薄层板上的吸附剂(固定相)和溶剂(移动相)之间进行分离。由于各种化合物的吸附能力各不相同,当展开剂(流动相)流经吸附剂时,发生无数次吸附和解吸过程,吸附力弱的组分随流动相迅速向前移动,吸附力强的组分滞留在后,由于各组分具有不同的移动速率,最终得以在固定相薄层上分离。

1. 薄层色谱的主要应用

(1)化合物的定性检验(通过与已知标准物对比的方法进行未知物的鉴定)。在条件完全一致的情况,纯粹的化合物在薄层色谱中呈现一定的移动距离,可用比移值(R_f 值)表征,所以利用薄层色谱法可以鉴定化合物的纯度或确定两种性质相似的化合物是否为同一物质。但影响比移值的因素很多,如薄层的厚度,吸附剂颗粒的大小,酸碱性,活性等级,外界温度和展开剂纯度、组成、挥发性等。所以,要获得重现的比移值就比较困难。为此,在测定某一试样时,最好用已知样品进行对照。

$$R_f = \frac{溶质最高浓度中心至原点中心的距离}{溶剂前沿至原点中心的距离}$$

(2)快速分离少量物质(几到几十微克,甚至 $0.01~\mu g$)。

(3)跟踪反应进程。在进行化学反应时,常利用薄层色谱观察原料斑点的逐渐消失,来判断反应是否完成。

(4)化合物纯度的检验(只出现一个斑点,且无拖尾现象,为纯物质)。薄层色谱特别适用于挥发性较小或在较高温度易发生变化而不能用气相色谱分析的物质。

2. 薄层色谱的操作过程

(1)吸附剂的选择。薄层色谱的吸附剂最常用的是氧化铝和硅胶。常用的黏合剂是煅石膏($2CaSO_4 \cdot H_2O$)、羟甲基纤维素钠(简称 CMC)等。氧化铝的极性比硅胶大,比较适于分离极性较小的化合物(烃、醚、醛、卤代烃等),硅胶适于分离极性较大的化合物(羧酸、醇、胺等)。薄层色谱常用的硅胶可分为:(1)硅胶 H,不含黏合剂;(2)硅胶 G,含 13%煅石膏作黏合剂;(3)硅胶 HF254,含荧光物质,可于波长 254 nm 紫外线下观察荧光;(4)硅胶 GF254,既含煅石膏又含荧光剂。

化合物的吸附能力与它们的极性成正比,具有较大极性的化合物吸附较强,因而 R_f 值较小。极性:酸、碱>醇、胺、硫醇>酯、醛、酮>芳香族化合物>卤代物、醚>烯>饱和烃。

(2)薄层板的制备(湿板的制备)。薄层板制备的好坏直接影响色谱分离的结果。薄层应尽量均匀且厚度(0.25~1 mm)要固定。否则,在展开时前沿不齐,色谱结果也不易重复。薄层板的制备方法可分为湿法和干法两种,实验室常用的是湿法薄层板制备法。

在烧杯中放入 2 g 硅胶 G,加入 5~6 mL 0.5%羧甲基纤维素钠水溶液,调成均匀糊状。将配制好的浆料倾注到清洁干燥的载玻片上,拿在手中轻轻地左右摇晃,使其表面均匀平滑,在室温下晾干后进行活化。活化条件根据需要而定。硅胶板一般在烘箱中渐渐升温,维持 105~110 ℃ 活化 30 min。氧化铝板在 200 ℃ 烘 4 h 可得活性级的薄层板。一般氧化铝板在 200 ℃ 烘 4 h 可得到活性为 II 级的薄层板,在 150~160 ℃ 烘 4 h 可得活性为 III~IV 级的薄层板。活化后的薄层板放在干燥器内保存备用。大量铺板或铺较大的薄层板时也可利用涂布器铺板,将玻璃片在涂布器中间摆好,上下两边各夹一块比前者厚 0.25~1 mm 的玻璃板,将浆料倒入涂布器的槽中,然后将涂布器自左向右推去即可将浆料均匀铺在玻璃板上,如图 2-9-1 所示。

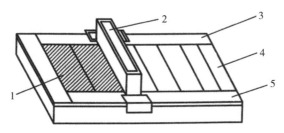

1 铺好的薄层板;2—涂布器;3、5—厚玻璃;4—玻璃板

图 2-9-1　薄层涂布器

(3)点样。先用铅笔在距薄层板一端 1 cm 处轻轻画一横线作为起始线,然后用毛细管吸取样品[1],在起始线上小心点样,斑点直径一般不超过 2 mm。若因样品溶液太稀,可重复点样,但应待前次点样的溶剂挥发后方可重新点样,且重复点样都应在同一圆心上,以防样点过大,造成拖尾、扩散等现象而影响分离效果。点的次数依样品浓度而定,一般 2~3 次。若点样品量太少时,则有的成分不易显出;若量太多时易造成斑点过大,互相交叉或拖尾,不能

得到很好的分离。若在同一板上点几个样,样点间距离应为 1~1.5 cm。点样要轻,不可刺破薄层。

(4)展开。薄层色谱的展开,需要在密闭容器中进行(如图 2-9-2 所示)。为使溶剂蒸气迅速达到平衡,可在展开槽内衬一滤纸。在层析缸中加入配好的展开溶剂,使其高度不超过 1 cm。将点好的薄层板小心放入层析缸中,点样一端朝下,浸入展开剂中。盖好瓶盖,观察展开剂前沿上升到一定高度时取出,尽快在板上标记展开剂前沿位置,晾干或电吹风吹干。

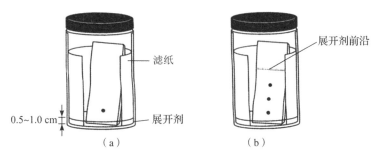

图 2-9-2　薄层色谱展开

(5)显色。被分离物质如果是有色组分,展开后薄层色谱板上即呈现出有色斑点。如果化合物本身无色,则可用碘蒸气熏的方法显色,还可使用腐蚀性的显色剂如浓硫酸、浓盐酸和浓磷酸等。含有荧光剂的薄层板在紫外光下观察,展开后的有机化合物在亮的荧光背景上呈暗色斑点。

(6)计算 R_f 值。将薄层板上分开的各层析中心点(溶质最高浓度中心)用铅笔标记好,计算各组分的 R_f 值。通过 R_f 值的对照,可鉴别未知化合物,或判断试样是否纯净。

三、仪器和试剂

【仪器】玻璃板(10 cm×4 cm,8 块),烘箱,广口瓶,硅胶 G,0.5%羧甲基纤维素钠水溶液。

【试剂 1】1%邻硝基苯胺甲苯溶液(A 溶液),1%间硝基苯胺甲苯溶液(B溶液),体积比 4:1 的 A-B 混合液,体积比 5:1 的环己烷-乙酸乙酯混合液[2]。

【试剂 2】1%甲基橙乙醇溶液(C 溶液),1%荧光黄乙醇溶液(D 溶液),C-D 的等量混合液,18%乙酸溶液。

四、实验步骤

1. 邻硝基苯胺和间硝基苯胺的分离[3]

取 5 g 硅胶 G 与 13 mL 0.5% 羧甲基纤维素钠水溶液调匀,搅拌至无结块,铺在清洁干燥的玻璃片上,可铺 8～10 块。晾干后,在 110 ℃ 烘箱内活化 30 min,取出冷却。

取制好的薄层板两块,分别在距一端 1 cm 处用铅笔轻轻画一横线作为起始线。用毛细管在一块板的起始线上点 1% 邻硝基苯胺甲苯溶液和 A-B 混合液两个样点,在第二块板上点 1% 间硝基苯胺甲苯溶液和 A-B 混合液两个样点,样点间距 1～1.5 cm,如样点颜色较浅,可重复点样。

待样品干燥后,用夹子把板放入已盛有 15 mL 5：1 环己烷-乙酸乙酯的 150 mL 广口瓶中,进行展开,板与水平方向约成 45°角,样点的一端浸入展开瓶中约 0.5 cm。当展开剂上升到离板的上端约 1 cm 时,取出板,立即用铅笔记下展开剂前沿的位置[4],晾干后观察分离的情况,比较两者 R_f 值的大小。

2. 色素的薄层色谱

取制好的薄层板两块,分别在距一端 1 cm 处用铅笔轻轻画一横线作为起始线。用毛细管在一块板的起始线上点 1% 甲基橙乙醇溶液(C 溶液)和 C-D 的等量混合液两个样点,在第二块板上点 1% 荧光黄乙醇溶液(D 溶液)和 C-D 的等量混合液两个样点,样点间距 1～1.5 cm。

待样品干燥后,用夹子把板放入已盛有 15 mL 18% 乙酸溶液的 150 mL 广口瓶中,进行展开,板与水平方向约成 45°角,样点的一端浸入展开瓶中约 0.5 cm。当展开剂上升到离板的上端约 1 cm 时,取出板,立即用铅笔记下展开剂前沿的位置,晾干后观察分离的情况,分别计算各斑点的 R_f 值,并与混合液试样比较。

五、注解和实验指导

[1]点样的毛细管必须专用,不得弄混。

[2]【试剂 1】所列的试剂为实验步骤 1(邻硝基苯胺和间硝基苯胺的分离)所需试剂;【试剂 2】所列的试剂为实验步骤 2(色素的薄层色谱)所需试剂。

[3]邻硝基苯胺分子内形成氢键,其极性小于间硝基苯胺,利用薄层色谱可将二者分离。

[4]由于样品具有颜色,故不用显色剂。

六、思考题

1. 如何利用 R_f 值来鉴定化合物?
2. 薄层色谱法点样应注意哪些细节?
3. 常用薄层色谱的显色剂有哪些?

2-9-2　柱色谱

一、实验目的

1. 掌握柱色谱的基本原理和基本操作。
2. 利用柱色谱的方法分离和提纯有机物。

二、实验原理

柱色谱又称作柱层析,根据分离的原理和方法可分为吸附柱层析和分配柱层析。吸附柱色谱是利用混合物中各组分吸附作用的不同以及各组分在溶剂中溶解度的差别,将各组分分离。例如甲和乙两种结构类似,仅极性大小不同的化合物混在一起,当它们的混合溶液通过吸附柱时,甲和乙都被吸附。用合适的溶剂淋洗时,甲和乙不同程度地被溶剂所溶解并随溶剂向下移动。由于甲的极性较小,受吸附剂作用较弱,在溶剂中的溶解度较大。因此,甲的分子在流动相中的百分比较高,总的结果是移动速度快一些,而乙的情况与甲相反。这样,随着不断的淋洗,甲先从柱上淋洗下来,乙后淋洗下来,分别收集,蒸去溶剂即可得到纯的组分甲和乙。如果被分离的是甲、乙、丙、丁等的多组分混合物,分离的原理与甲乙两组分完全相同,只不过是选择分离条件更复杂,色带更多一些罢了。柱色谱主要用于分离结构类似,理化性质相似的化合物,除去与化合物结构类似的杂质,使化合物得到提纯精制。例如,顺式偶氮苯与反式偶氮苯、甲基橙与亚甲基蓝的结构和理化性质相似,利用柱色谱可以将它们有效地分开,而其他方法很难。

影响吸附柱层析的主要因素如下。

1. 吸附剂

常用的吸附剂有氧化铝、硅胶、氧化镁、碳酸钙和活性炭等。吸附剂一般要经过纯化和活化处理,颗粒大小应当均匀。吸附剂粒子越小,表面积越大,吸附能力就越大;但颗粒小,溶剂的流动速度就慢,因此应根据实际分离需要而定。市售的氧化铝粒度一般为 $100\sim200$ 目,硅胶粒度一般为 $60\sim100$ 目。氧化铝分为碱性、中性和酸性三种,碱性氧化铝适用于分离胺类或其他生物碱类化合物;中性氧化铝应用最广,适用于醛、酮、醌、酯以及其他对酸碱敏感的化合物;酸性氧化铝适用于有机酸类的分离。

2. 物质的结构和吸附能力

化合物的吸附性和它们的分子极性成正比,分子极性越大,吸附能力越大,分子中含有极性较大的基团时吸附能力也较强。氧化铝对各种化合物的吸附性按以下次序递减:酸和碱＞醇、胺、硫醇＞酯、醛、酮＞芳香族化合物＞卤化物＞醚＞烯＞饱和烃。

3. 洗脱剂

柱色谱中所用的溶剂通常叫作淋洗剂或洗脱剂。洗脱剂的选择至关重要,通常根据被分离组分的极性、溶解度和吸附剂活性来考虑。

首先,洗脱剂极性的大小对混合物各组分的分离有很大的影响。如果洗脱剂的极性远大于各组分的极性,那么洗脱剂强烈地被吸附剂所吸附,各组分则几乎不被吸附而进入流动相中,因而分离效果不好。反过来,如果溶剂的极性远小于各组分的极性,各组分则被吸附剂所吸附而保留在固定相中不能随洗脱剂一起前移,因此各组分也完全不能分离。

其次,洗脱剂对被分离组分溶解度的大小也会影响分离效果。如果溶解度太大,影响吸附剂对各组分的吸附作用;如果溶解度太小,则色谱带分散,甚至完全不能分开。

所以选择一种极性大小和溶解度合适的洗脱剂使混合物达到最佳的分离效果是柱色谱法重要的一环。

实验室常用溶剂极性由小到大次序为:石油醚＜环己烷＜四氯化碳＜甲苯＜二氯甲烷＜三氯甲烷＜乙醚＜乙酸乙酯＜丙酮＜乙醇＜甲醇＜水＜乙酸。

三、仪器和试剂

【仪器】色谱柱,玻璃漏斗,100 mL 烧杯,150 mL 锥形瓶(2 个),铁架台,剪刀,玻棒。

【试剂】0.05％甲基橙和 0.25％亚甲基蓝混合乙醇溶液,氢氧化钠溶液,100～200 目中性色谱用氧化铝,无水乙醇,0.1 mol·L^{-1} HCl 溶液,蒸馏水,脱脂棉,滤纸。

四、实验步骤

1. 装柱

色谱柱管底垫少许棉花,固定于铁架台,关好活塞,加 20 mL 无水乙醇,称取 8 g 柱色谱用氧化铝,经漏斗缓慢加入色谱柱中,同时轻轻拍打色谱柱使氧化铝均匀地自然沉降[1],加毕,取少量无水乙醇清洗管壁上的氧化铝。打开管底的活塞,使溶剂缓慢滴出,氧化铝随着溶剂流动继续下沉,直至沉降停止,在装好的氧化铝表面覆盖一张略小于内径的滤纸,继续放出溶剂直至氧化铝表面仅留一薄层溶剂[2]。

2. 加样[3]

用长颈滴管滴加样品溶液 0.5 mL。

3. 洗脱[4]

打开活塞使样品进入吸附剂(勿使流干),关闭活塞,加无水乙醇 0.5 mL,打开活塞,使蓝色谱带完全进入吸附剂,关闭活塞,重复以上操作 2～3 次,观察到蓝色谱带逐渐下移。继续用无水乙醇洗脱,使蓝色谱带完全洗脱下来,收集蓝色洗脱液于第一个锥形瓶中。改用稀氢氧化钠溶液作洗脱剂,洗脱黄色谱带,操作步骤与以无水乙醇作洗脱剂的操作步骤相同,使黄色谱带完全洗脱下来,收集洗脱液于第二个锥形瓶中。取少量黄色洗脱液,加 0.1 mol·L^{-1} HCl 溶液,溶液颜色由黄变红,记录实验现象。

五、注解和实验指导

[1]色谱柱填装紧密与否,对分离效果很有影响。若柱中留有气泡或各部分松紧不匀(更不能有断层或暗沟)时,会影响渗滤速度和显色的均匀。但如果填装时过分敲击,又会因太紧密而流速太慢。

[2]切勿使柱中吸附剂表面的溶剂流干。若流干之后再补加溶剂,往往使吸附剂层留有气泡或形成裂缝影响分离效果。

[3]加样时勿使样品溶液沾在色谱柱的内壁上,若不小心沾在内壁上,可用少许溶剂淋洗。

[4]要控制淋洗溶液流出的速度。一般控制流速为每秒1滴。若流速太快,样品在柱中的吸附和溶解过程来不及达到平衡,影响分离效果。若流速太慢,分离的时间又拖得太长。有时,样品在柱中停留时间过长,可能促使某些成分发生变化。

2-9-3 纸色谱

一、实验目的

1. 掌握纸色谱的基本原理和基本操作。
2. 利用纸色谱的方法分离和鉴定有机物。

二、实验原理

纸色谱属于分配色谱,它以滤纸作为载体,滤纸纤维吸附着一定量的水作为固定相,移动相采用水与一种或多种有机溶剂混溶的混合溶剂,称为展开剂。由于滤纸纤维的毛细管下端浸入展开剂后,展开剂将向上移动。展开剂到达样品点后,溶解样品共同向上移动,而固定相则要溶解样品留下,于是样品便在移动相和固定相间进行分配。不过,在同一位置,新的展开剂到达使留下的样品重新分配后,再次留下的将减少。如此反复,样品将向上移动。只是速度比展开剂慢。样品的不同组分中,亲水性强的组分容易留在固定相中,于是随展开剂上升的速度较慢,亲脂性强的组分则上升速度较快。从而实现不同组分的分离。

衡量物质向上移动的物理量是比移值(R_f):

$$R_f = \frac{原点中心到层析中心的距离}{原点中心到溶剂前沿的距离}$$

如图2-9-3所示,则化合物A的$R_f = a/c$,化合物B的$R_f = b/c$。R_f值既取决于物质本身的结构,又与溶剂种类组成、滤纸性质、展开体系的温度等条件有关。

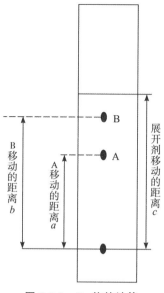

图 2-9-3　R_f 值的计算

如相同条件确定,则各种氨基酸的 R_f 值为常数。样品各组分 R_f 值测定后,与标准值对照,即可知分别为何种氨基酸,从而实现它们的鉴定。

三、仪器和试剂

【仪器】干燥大试管并配软木塞,喷雾器,电热吹风器,刻度尺(20 cm),铅笔,木框(22 cm×40 cm),大头针,点样管,棉线,滤纸条(160 mm×15 mm)[1]。

【试剂】氨基酸混合液(将谷氨酸、蛋氨酸各 3 mg 与丙氨酸 2 mg 溶于 0.5 mL 蒸馏水中即成,制备后需放在冰箱内保存,并尽可能当天配制),展开剂(即被水饱和的苯酚溶液:取新鲜蒸出的苯酚约 50 g 及蒸馏水 30 mL,放在分液漏斗内,用力振摇后,放置 7~10 h,使分成两层,取出下层应用),0.2% 茚三酮乙醇溶液。

四、实验步骤

(1)取一滤纸条(手指只能拿住滤纸上端极小部分,以防弄脏滤纸),在其上端距边缘约 1 cm 处的中央剪一小孔。

(2)将滤纸条平放于洁净的纸上,在距离滤纸下端 1 cm 处用铅笔轻轻画一横线,并在横线的中央画一直径约为 2 mm 的小圆圈。

（3）用点样管吸取待分离的氨基酸混合液,在滤纸条下端的小圆圈内沾一下,让混合液流入纸条(切勿点样过多,以免扩散出小圆圈外)[2],让其在空气中晾干。

（4）取一干燥大试管,选配好软木塞,加入被水饱和的苯酚溶液 10 mL,注意勿使溶液沾到试管壁上,将试管垂直固定好。

（5）将滤纸条上端小孔处穿一棉线,棉线左右分开,使滤纸垂直悬挂于试管内(下端用大头针别住,以便垂直固定)。调节棉线的高度使滤纸下端浸入酚溶液 0.5 cm,注意勿使点样浸入溶液中,亦勿使滤纸接触试管壁,塞好木塞,静置。

（6）此时即看到溶剂向上移动,溶剂升到离滤纸条上端 3～5 cm 时,小心将纸条取出,用手指捏住上端,以铅笔标出溶剂上升的前沿。

（7）将滤纸条两端用大头针钉在小木框上,用热风吹干,干后用喷雾器均匀地薄薄喷一层 0.2% 茚三酮乙醇溶液,然后再将滤纸条以热风吹干,即可看到纸上显出若干色斑,每个色斑代表一种氨基酸。

（8）用刻度尺分别测量点样的小圆圈中心至各色斑点中心的距离,再测量自小圆圈中心至溶剂前沿的距离并计算各色点的 R_f 值,根据教师供给的三种氨基酸的 R_f 值确定此三个色点各为何种氨基酸。

（9）留在大试管内的酚溶剂切勿弃去,塞紧塞子,以待下班同学使用。

五、注解和实验指导

[1]滤纸条保存在展开剂的蒸气中,实验过程手指只能拿住滤纸上端极小部分,以防弄脏滤纸。

[2]点样量要适当,太少显色效果不明显;太多易出现拖尾现象,分离效果不好。

第三章　物理常数的测定与模型操作

3-1　熔点测定

一、实验目的

1. 了解熔点测定的原理和意义。
2. 掌握毛细管测定熔点的基本操作。

二、实验原理

熔点是固体化合物在大气压下固液两态达到平衡时的温度。纯粹的固体有机化合物一般都有固定的熔点,即在一定压力下,固液两态之间的变化是非常敏锐的,自初熔至全熔(熔点范围,称为熔程),温度不超过 0.5～1 ℃。

纯物质的熔点和凝固点是一致的。从图 3-1-1 可以看到,当加热纯固体化合物时,在一段时间内温度上升,固体不熔。当固体开始熔化时,温度不会上升,直至所有固体都转变为液体,温度才上升。反过来,当冷却一种纯液体化合物时,在一段时间内温度下降,液体未固化。当开始有固体出现时,温度不会下降,直至液体全部固化后,温度才会再下降。

纯物质的熔点可以从蒸气压与温度的变化曲线(见图 3-1-2)来理解。曲线 SM 表示固体蒸气压随温度升高而增大的曲线,ML 表示液态物质的蒸气压-温度曲线。由于固相的蒸气压随温度变化的速率较相应的液相大,最后两曲线就相交,在交叉点 M 处(只能在此温度时)固液两相可同时并存,此时的温度 T_M 即为该物质的熔点。当温度高于 T_M 时,这时固相的蒸气压已较液相的蒸气压大,因而就可使所有的固相全部转变为液相;若低于 T_M 时,则由液相转变为固相;只有当温度为 T_M 时,固液两相的蒸气压才是一致的,此时固液两相方可同时并存。这就是纯粹晶体物质所以有固定和敏锐熔点的原因。一旦温度超过 T_M，甚至只有几分之一度时，如有足够的时间，固体就可全部转变为液体。所以要精确测定熔点，在接近熔点时加热速度一定要慢，温度的升高每分钟不能超过 $1\sim2$ ℃。只有这样，才能使整个熔化过程尽可能接近于两相平衡的条件。

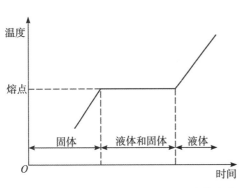

图 3-1-1　固、液两相随着时间和温度的变化

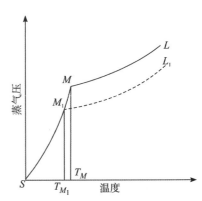

图 3-1-2　蒸气压-温度曲线

　　当有杂质存在时（假定两者不形成固溶体），根据拉乌尔（Raoult）定律可知，在一定的压力和温度下，在溶剂中增加溶质的物质的量，导致溶剂蒸气分压降低，化合物的熔点必较纯粹者为低，将出现新的液体曲线 M_1L_1，在 M_1 点建立新的平衡，相应的温度为 T_{M_1}，即发生熔点下降。应当指出，当有杂质存在时，熔化过程中固相和液相平衡时的相对量在不断改变，因此两相平衡不是一个温度点 T_{M_1}，而是从最低的熔点（与杂质共同结晶或共混合物，其熔化的温度称为最低共熔点）到 T_{M_1} 一段。这说明杂质的存在不仅会导致初熔温度降低，而且会使熔程变长，故测定熔点时一定要记录初熔和全熔的温度。

　　因此，通过测定熔点，观察熔距，可以很方便地鉴别未知物，并判断其纯度。这一性质可用来鉴别两种具有相近或相同熔点的化合物究竟是否为同一化合物。方法十分简单，只要将这两种化合物混合在一起（至少测定 3 种比例，如 1∶1、1∶9、9∶1）并观测其熔点，如果熔点下降，而且熔距变宽，那必定是两种性质不同的化合物。需要指出的是，有少数化合物受热时易发生分解，因此，即使其纯度很高，也不具有确定的熔点，而且熔距较宽。

三、仪器与试剂

【仪器】提勒管（Thiele 熔点测定管）1 个，温度计 1 支，玻璃棒 1 根，毛细管 6 支,小橡皮圈 1 个,铁架、铁夹各 1 个,酒精灯 1 盏,研钵 3 个(公用)。

【试剂】苯甲酸苯酯(AR),萘(AR),苯甲酸苯酯与萘(9:1)的混合物。

四、实验步骤

1. 提勒管熔点测定法

(1)毛细管熔封

将准备好的毛细管一端放在酒精灯火焰边缘,慢慢转动加热,毛细管因玻璃熔融而封口[1]。操作时转速要均匀,使封口严密且厚薄均匀,要避免毛细管烧弯或熔化成小球。

(2)样品的填装

把待测物研成粉末,将毛细管未封口的一端插入粉末中,使粉末进入毛细管,再将其开口向上地从大玻璃管中滑落,使粉末进入毛细管的底部。重复以上操作,直至有 2~3 mm 粉末紧密装于毛细管底部。

(3)仪器的安装

安装如图 3-1-3 所示,将传热液倒入提勒管中[2],加至侧管与直管相连处上面约 1 cm 处,用铁夹将提勒管固定在铁架上,将装有待测样品的毛细管用橡皮圈固定附于温度计上[3],使毛细管中试物位于温度计水银球的中部,然后用软木塞将温度计固定于提勒管中,并使温度计的水银球位于提勒管的底部与液面的中间。

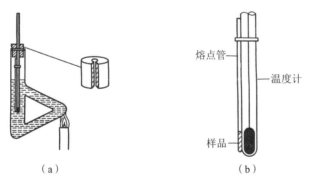

（a）　　　　　　　　　　（b）

图 3-1-3　熔点测定装置

(4)熔点的测定

可先进行粗测,即以每分钟 5~6 ℃速度升温,得到粗测的熔点。待管中液体冷却至熔点温度以下 30 ℃后,另取试样(已用过的毛细管不能再用,应换一根新的毛细管)再精测,开始时可用较快的速度升温,离粗测熔点约 10 ℃时开始用小火加热,控制每分钟 1～2 ℃速度升温。仔细观察毛细管中被测物质的变化。在毛细管中固体开始塌落和出现微小液滴时,即认为被测物开始熔化(记下初熔的温度),固体完全消失时,即认为熔化完毕(记下全熔的温度),如图 3-1-4 所示。初熔到全熔的温度即为熔点,两者的差值为熔距。

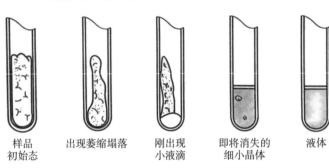

| 样品
初始态 | 出现萎缩塌落 | 刚出现
小液滴 | 即将消失的
细小晶体 | 液体 |

图 3-1-4　固体样品的熔化过程

　　根据上述方法测定苯甲酸苯酯(AR)、萘(AR)、苯甲酸苯酯与萘(9∶1)混合物的熔点。

　　2. 显微熔点仪测定法

　　使用显微熔点仪(图 3-1-5)的优点是可测微量及高熔点(至 320 ℃)固体样品的熔点。通过显微镜可以观察样品在加热中变化的全过程,并可观察到结晶的晶形和结晶的失水,以及多晶的变化和分解等现象。

图 3-1-5　显微熔点仪

　　测定熔点时,先将干净的玻璃载片放在一个可移动的支持器内,将微量试样研细平铺放在载玻片上,再用另一载玻片盖住样品,使载玻片上试样位于电热板中央。调节显微镜焦距,使从目镜视场所看到的样品晶形非常清晰。开启加热挡,刚开始加热时,可用快挡加热,待温度接近熔点时换成慢挡加热,使升温速率在 1 ℃/min 以内。当样品晶体棱角开始变圆时为初熔温度,晶体完全消失变成液体时为终熔温度。测定熔点后,停止加热,稍冷用镊子移去载玻片,将一厚铝板盖放在电热板上,以加快冷却,清洗载玻片,备用。

3. 数字熔点仪测定法

数字熔点测定仪(图 3-1-6)的工作原理:物质在结晶状态时较易反射光线,在熔融状态时较易透射光线。因此,物质在熔化过程中随着温度的升高会产生透光度的跃变,数字熔点仪就是采用光电方式自动检测透光度的变化,并转换为熔化曲线(图 3-1-7)。当温度达到初熔温度 t_A 时,初熔指示灯即闪亮,被贮存。当温度达到终熔温度 t_B 时,被贮存并直接显示,$t_B - t_A$ 则为熔距。

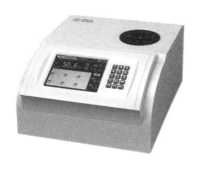

图 3-1-6　数字熔点仪

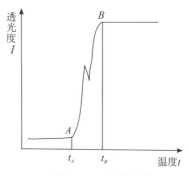

图 3-1-7　熔化曲线

熔点测定步骤为:

(1)开启电源开关,等待 2～3 s 后,根据屏幕提示输入预置温度。

(2)根据屏幕提示设置升温速率。

(3)待仪器温度稳定在预置温度后,插入装有待测样品的毛细管,按"升温"键,开始测试。

(4)样品测试结束后,屏幕自动显示样品的初熔值和终熔值。

(5)测试完毕,取出毛细管,关闭电源。

4. 温度计的校正

熔点测定点时,温度计上显示的熔点与真实熔点之间常有一定的偏差,这是由温度计的误差所引起的。其原因可能是:第一,温度计毛细管孔径不均匀,刻度不准确;第二,温度计有全浸式和半浸式两种,全浸式温度计的刻度是在温度计汞线全部均匀受热的情况下标出来的,而测熔点时仅有部分汞线受热,因而露出的汞线温度较全部受热时低;第三,温度计长期在过高或过低温度中使用,使玻璃发生变形。

校正温度计的方法通常有以下两种。

(1)与标准熔点进行比较。以纯有机化合物的熔点为标准,选择数种已知熔点的纯有机物[4]，测定它们的熔点，以实测的熔点为横坐标，以实测熔点与已知熔点的差值为纵坐标，画出校正曲线图，从图中可以找到任一温度时的校正值。

（2）与标准温度计比较。把标准温度计与被校正的温度计平行放在热浴中，缓慢均匀加热，每隔 5 ℃分别记下两支温度计的读数，标出偏差量 Δ_t。

$$\Delta_t = 被校正的温度计指示温度 - 标准温度计指示温度$$

以被校正的温度计指示温度为横坐标，以 Δ_t 为纵坐标，画出校正曲线，以供校正用。

五、注解和实验指导

[1]应保证毛细管的熔封。检查毛细管是否熔封好，可将其放入水中看有无虹吸现象。

[2]常用传热液有液体石蜡、甘油、硫酸和硅油等，往往根据待测物的熔点而定。若熔点在 95 ℃以下，可以用水作传热液；若熔点在 95～220 ℃范围内，可选用液体石蜡；若熔点再高些，可用浓硫酸（250～270 ℃）。浓硫酸加热时必须小心，不可使温度过高，以免硫酸分解放出三氧化硫。此外，热的浓硫酸触及皮肤会引起灼伤，液体石蜡其蒸气可燃，操作时应谨慎。

[3]注意不要将橡皮圈浸没液面以下，以免其受热而老化。

[4]常见的有机化合物的熔点列于表 3-1-1。

表 3-1-1　校正温度计常用标准化合物熔点

标准化合物名称	标准熔点/℃	标准化合物名称	标准熔点/℃
蒸馏水-冰	0	苯甲酸苄酯	71
α-萘胺	50	萘	80.55
尿素	132.7	乙酰苯胺	114.3
对二氯苯	53.1	苯甲酸	122.4
间二硝基苯	90.02	水杨酸	159
对二硝基苯	174	D-甘露醇	168
邻苯二酚	105	蒽	216.2～216.4
对苯二酚	173～174	咖啡因	236

六、思考题

1. 测定熔点时,若遇到下列情况,将产生什么样结果?

(1)熔点管壁太厚。

(2)熔点管底部未完全封闭,尚有一针孔。

(3)熔点管不洁净。

(4)样品未完全干燥或含有杂质。

(5)样品研得不细或装得不紧密。

(6)加热太快。

2. 是否可以使用第一次测定熔点时已经熔化过的有机化合物做第二次测定? 为什么?

3. 有 A、B 和 C 三种白色结晶的有机固体,每一种都在 149～150 ℃熔化。质量比 50∶50 的 A 与 B 的混合物在 130～139 ℃熔化;质量比 50∶50 的 A 与 C 的混合物在 149～150 ℃熔化,那么质量比 50∶50 的 B 与 C 的混合物在什么样的温度范围内熔化呢? A、B 和 C 是否为同一种物质?

3-2 微量法测定沸点

一、实验目的

1. 了解沸点测定的原理。

2. 掌握微量法测定沸点的基本操作。

二、实验原理

液态有机化合物的蒸气压会随温度的上升而增大,当其蒸气压与大气压相等时,液体会呈现沸腾状态,此时的温度就是液体的沸点。

液体的沸点会随大气压的不同而改变,但在 730～770 mmHg 范围内变化不大,故一般无需校正。每种纯粹的液体在一定大气压下都有一定的沸点。因此测定沸点可以鉴别某种有机物,也可以用来提纯和分离液体有机化合物,比如说蒸馏。

将一支毛细管一端封口,一端开口向下插入盛有待测液体的沸点管中。

在最初受热时,毛细管内的空气受热膨胀逸出毛细管外,形成小气泡。继续加热,若液体受热温度超过其沸点时,此时毛细管内的蒸气压大于外界施予液面总压力,则有一连串气泡逸出。此时停止加热,毛细管内的蒸气压会降低,气泡减少。当气泡不再冒出,而液体将要压进毛细管内的瞬间,毛细管内的待测液体的蒸气压与外界压力正好相等,此时的温度即为该液体的沸点。

三、仪器和试剂

【仪器】提勒管 1 个,温度计 1 支,沸点管 1 根,毛细管 2 支,小橡皮圈 1 个,铁架、铁夹各 1 个,酒精灯 1 盏。

【试剂】无水乙醇。

四、实验步骤

沸点管中加入无水乙醇 4～5 滴,倒插入一端封口的毛细管,将沸点管用橡皮圈固定于温度计旁,装置如图 3-2-1,注意温度计的水银球和沸点管的位置。将此装置放入提勒管中(温度计的位置与熔点测定装置相同)。加热,当温度略超过待测样的沸点时,毛细管中有一连串小气泡逸出,此时应停止加热,使温度下降。仔细观察最后一个气泡在毛细管口欲出又进时的温度,即为沸点。

换一根毛细管,沸点管中试样若过少,补加几滴,再测一次。若检样纯粹,两次测定结果应相同,如果相差少许,应取其平均值。

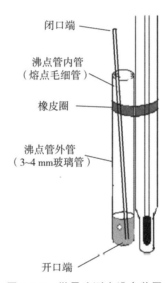

闭口端

沸点管内管
(熔点毛细管)

橡皮圈

沸点管外管
(3～4 mm 玻璃管)

开口端

图 3-2-1　微量法测定沸点装置

五、思考题

1. 如果加热过猛,测定出来的沸点是否正确?

2. 为什么把最后一个气泡刚欲缩回至内管瞬间的温度作为该化合物的沸点?

3-3　折光率的测定

一、实验目的

1. 掌握阿贝折光仪的使用方法。
2. 了解测定折光率的简单原理。

二、实验原理

折光率(refractive index)又称折射率,是液体有机物的重要物理常数之一。它是衡量液体有机物纯度的标志之一,是定性鉴定的一种手段[1]。折光率比沸点更为可靠,利用折光率不仅可以鉴定未知物,而且可以确定沸点相近、结构相似液体混合物的组成。

光在各种介质中的传播速度不相同。当光线从一种介质(例如空气)射入另一种介质(例如丙酮)中时,由于两种介质的密度不同,光的传播速度和方向均发生改变,这种现象称为光的折射现象(见图 3-3-1)。

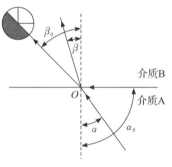

图 3-3-1　光的折射现象

折光率与入射光波长及测定时介质的温度有关[2]。一种介质的折光率随光线波长变短而增大,随其温度的升高而变小。一般温度升高 1 ℃,液体化合物的折光率降低 $3.5 \times 10^{-4} \sim 5.5 \times 10^{-4}$。为了方便起见,在实际工作中常以 4×10^{-4} 近似地作为温度变化常数。例如,甲基叔丁基醚在 25 ℃时的实测值为 1.3670,其校正值应为:$n_D^{20} = 1.3670 + 5 \times 4 \times 10^{-4} = 1.3690$。

在固定温度、固定光波波长下,各种物质都有它特定的折光率。通常规定用钠光谱的 D 线(叫作钠黄光,波长为 589 nm),温度以 20 ℃为标准表示折光率。例如,在入射光为钠的黄光,测定温度为 20 ℃时,水的折光率为 1.3330,表示为 $n_D^{20} = 1.3330$。这里 n 代表折光率,20 代表测定时的温度,D 代表钠光。

折光率可以通过折光仪精确地测定,折光仪的种类很多,常用的是阿贝

(Abbe)折光仪。其优点是构造简单,操作容易;应用范围广且精确度较高;测样品的用量很少;可用白炽灯为光源[3]。

阿贝折光仪的工作原理就是基于光的折射现象和临界角的基本原理设计而成的。在一定的外界(如温度、压力等)条件下,波长一定的单色光从介质 A 斜射入介质 B 时,要发生折射现象(如图 3-3-1 所示)。根据折射定律,其入射角 α 与折射角 β 的正弦之比是一个常数,并且与这两个介质的折光率 n_A(介质 A)、n_B(介质 B)成反比,即

$$\frac{\sin\alpha}{\sin\beta}=\frac{n_B}{n_A}$$

当介质 A 为真空时,$n_A=1$,则有 $n_B=\dfrac{\sin\alpha}{\sin\beta}$,这时 n_B 为介质 B 的绝对折射率。

当介质 A 为空气时,$n_A=1.00027$(空气的绝对折射率),则有

$$n_B'=\frac{n_B}{n_A}=\frac{n_B}{1.00027}=\frac{\sin\alpha}{\sin\beta}$$

n_B' 是介质 B 的相对折射率。它的数值与介质 B 的绝对折射率的数值相差很小,因此,在不需要精密测定时,可以用 n_B' 代替 n_B。

当入射角 α_0 为 90°时 $\sin\alpha_0=1$,这时折射角达到最大值,称为临界角(以 β_0 表示)。显然,在临界角以内的区域都有光线通过,是明亮的,在临界角以外的区域没有光线通过,是暗的。在临界角上正好是"半明半暗"(如图 3-3-2)。目镜上有一个十字交叉线,若十字交叉线与明暗分界线重合,就表示光线由被测液体进入棱镜时的入射角正好为 90°。折射率的测定都是在空气中进行的,但仍可近似地视为在真空状态之中,即 $n_A'=n_A=1$,故有 $n_B=\dfrac{1}{\sin\beta_0}$。

$n=1.3330$

图 3-3-2　阿贝折光仪视场示意

各种液体的折光率不同,临界角也不同,要调节光线的入射角始终为 90°(即明暗分界线对准十字交叉线中心),只要改变临界角就可达到目的。通过测定临界角的相对位置,经过换算就可以找出液体的折光率,阿贝折光仪的刻

度是经过换算后的折光率的读数,故可直接读出折光率。

阿贝折光仪的结构如图 3-3-3 所示。它的主要组成部分是由两块直角棱镜组成的棱镜组,上面一块是表面光滑的测量棱镜,下面一块是表面磨砂的可以开启的辅助棱镜。目镜用来观察折光情况及读取数据。目镜筒内装有消色散棱镜。光线由反射镜射入辅助棱镜,发生漫射,以不同入射角射入液层,再射到测量棱镜的表面上。此时一部分光线经折射后进入测量目镜,另一部分光线则发生全反射。调节螺旋,以使测量目镜中的视野明暗分界线对准十字交叉线中心。

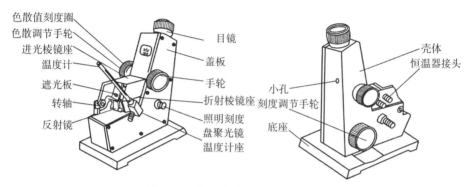

图 3-3-3　阿贝折光仪的结构外观图

三、仪器和试剂

【仪器】阿贝折光仪,擦镜纸。

【试剂】无水乙醇或丙酮,蒸馏水,松节油,乙酸乙酯。

四、实验步骤

将阿贝折光仪置于普通白炽灯前或靠近窗户的桌子上,但不要放在直射的阳光下,以免液体试样迅速蒸发。将温度计插入金属匣中,然后接到恒温水,调节到所需要的温度(通常为 20 ℃或 25 ℃),恒温 20 min 左右。打开棱镜,用少量丙酮、无水乙醇或乙醚润冲上下两镜面,分别用擦镜纸顺一方向把镜面轻轻擦拭干净[4][5]。待溶剂挥发后,加 1～2 滴蒸馏水于磨砂面棱镜上,小心地关闭棱镜,使水铺满整个镜面[6]。调节反光镜使入射光达到最强,目镜内视场明亮,轻轻转动棱镜调节旋钮,直到在目镜内观察到明暗分界线或彩色光带,再调节棱镜微调旋钮,使明暗分界线清晰。接着,转动棱镜调节旋钮,使明暗分界线与目镜中十字交叉线的中心重合[7],记下折光率的读数及测量时的温度。重复 3 次测得纯水的平均折光率,与纯水的标准值($n_D^{20}=1.3330$)比较,求得折光仪的校正值,然后按同样的方法测定待测液体样品的折光率。

实验记录,见表 3-3-1。

表 3-3-1　实验数据记录

测定温度_____℃

样品	第一次测定	第二次测定	第三次测定	平均值
松节油				
乙酸乙酯				

五、注解和实验指导

[1]对于纯净的液体,折光率的测定可精确到百分之一,通常用 4 位有效数字进行记录。

[2]阿贝折光仪的量程为 1.3000～1.7000,精密度为±0.0001。测量温度应控制在±0.1 ℃范围内。阿贝折光仪不能在较高温度下使用。

[3]阿贝折光仪中的读数不是临界角的角度,而是已计算好的折射率,故可直接读出。由于仪器上有消色散棱镜装置,所以可直接使用白光作光源,所测得的数值与用钠光 D 线所测得的结果相同。

[4]阿贝折光仪应避免震动和沾染灰尘,并应放置于阴凉干燥的地方。阿贝折光仪的关键部位是棱镜,必须注意保护。滴加液体时,滴管的末端切不可触及棱镜,擦洗棱镜时要单向擦,不要来回擦,以免在镜面上造成痕迹。凡强酸、强碱或具有腐蚀性的盐类溶液切勿用本仪器测定。

[5]在每次滴加样品前应洗净镜面,测完样品后也要用丙酮或乙醚擦洗镜面,待晾干后再关闭棱镜。

[6]如果测定易挥发性液体,滴加样品时可由棱镜侧面的小孔加入。

[7]如果读数镜筒内视场不明,应检查小反光镜是否开启。如果在目镜中看不到半明半暗,而是畸形的,这是因为棱镜间未充满液体。若液体折光率不在 1.3000～1.7000 量程范围内,则阿贝折光仪不能测定,也调不到明暗分界

线上。不同物质的折光率见表 3-3-2。

表 3-3-2　不同物质的折光率

物质名称	折光率 n_D^{20}	物质名称	折光率 n_D^{20}
薄荷油	1.4600～1.4700	大豆油	1.4722～1.4760
花生油	1.4625～1.4645	乙酸乙酯	1.2725～1.3745
松节油	1.4600～1.4300	苯甲醇	1.5385～1.5405

六、思考题

1. 测定有机化合物折光率的意义是什么？
2. 测定折光率时有哪些因素会影响结果？
3. 测定中应该注意哪些事项？怎样保护棱镜镜面？

3-4　旋光度的测定

一、实验目的

1. 掌握旋光仪的使用方法。
2. 了解手性化合物的旋光性及其测定的原理、方法和意义。

二、实验原理

能使偏振光的振动平面旋转的性质称为旋光性。具有旋光性的物质称为旋光物质，或称为光学活性物质。旋光物质使偏振光振动平面旋转的角度称为旋光度，通常用 α 表示。有些物质能使偏振光的振动平面向右旋转（顺时针），而另一些物质却使振动平面向左旋转（逆时针）。（＋）用来表示右旋，（－）用来表示左旋。

旋光物质的旋光度可用旋光仪来测定。实验室常用旋光仪的外形、基本构造如图 3-4-1 和图 3-4-2 所示。

从钠光源发出的光，通过一个固定的 Nicol 棱镜（起偏镜）变成平面偏振光。平面偏振光通过装有旋光物质的盛液管时，偏振光的振动平面会向左或

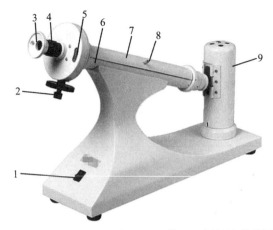

1—电源开关;2—刻度盘转动手轮;3—目镜;4—视场清晰度调节螺旋;

5—刻度游盘;6—镜筒;7—镜筒盖;8—镜筒盖手柄;9—钠光源

图 3-4-1　圆盘旋光仪的外形

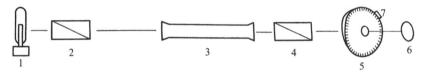

1—钠光源;2—起偏镜;3—盛液管;4—检偏镜;5—刻度盘;6—目镜;7—固定游标

图 3-4-2　旋光仪的基本构造示意图

向右旋转一定的角度。只有将检偏棱镜向左或向右旋转同样的角度才能使偏振光通过到达目镜。向左(一)或向右(十)旋转的角度可以从旋光仪刻度盘上读出,即为该物质的旋光度。

　　从目镜中可观察到的几种情况(见图 3-4-3):(a)中间明亮,两旁较暗;(b)明暗相等的均一视场;(c)中间较暗,两旁较明亮。

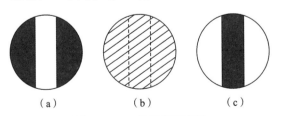

(a)　　　　　(b)　　　　　(c)

图 3-4-3　三分视场示意图

测定时,旋转手轮,调整检偏镜刻度盘,应先找出两种不同视场[图 3-4-3(a)和图 3-4-3(c)],然后在两种视场之间缓缓转动刻度盘手轮,调节视场成明暗相等的单一视场[图 3-4-3(b)],读取刻度盘上所示的刻度值。由于人眼对弱光变化较敏感,应选较暗的单一视场为旋光仪的零点和测定终点的判断标准。

刻度盘分两个半圆分别标出 0°～180°,固定游标分为 20 等分(见图 3-4-4)。读数时,先读游标的 0 落在刻度盘上的位置(整数值),再用游标尺的刻度盘画线重合的方法,读出游标尺上的数值(可读出两位小数)。

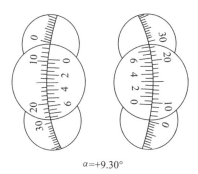

$\alpha = +9.30°$

图 3-4-4　读数示意

旋光物质的旋光度与溶液浓度、溶剂、测定温度、光源波长、测定管长度有关,因此旋光仪测定的旋光度 α 并非特征物理常数,同一化合物测得的旋光度就有不同的值。因此为了比较不同物质的旋光性能,通常用比旋光度来表示物质的旋光性,比旋光度 $[\alpha]_D^t$ 是旋光性的物质特有的物理常数之一。

$$[\alpha_D^t] = \frac{\alpha}{l \times c}$$

式中,α 为旋光仪测得的旋光度;t 为测定时的温度(一般为 20 ℃);D 为旋光仪光源钠光的 D 线波长(λ 为 589 nm);l 为旋光管的长度,单位为 dm;c 为溶液浓度,单位为 $g \cdot mL^{-1}$。如测定的旋光性物质为纯液体,可直接测定而不需配成溶液,计算比旋光度时,用纯液体的密度代替上式中的浓度值。表示比旋光度时通常还需标明测定时所用的溶剂。

三、仪器和试剂

【仪器】旋光仪,擦镜纸。

【试剂】蒸馏水,待测葡萄糖溶液。

四、实验步骤

1. 待测溶液的配制

用天平准确称取 10.0～10.5 g 葡萄糖样品,在 100 mL 容量瓶中配成溶液,溶液若不透明澄清,用滤纸过滤[1]。

2. 装待测液

洗净测定管后,用少量待测液润洗 2～3 次,注入待测液,并使管口液面呈凸面。将护片玻璃沿管口边缘平推盖好(以免使管内留存气泡),装上橡皮填圈,拧紧螺帽至不漏水(太紧会使玻片产生应力,影响测量)[2]。用软布擦净测定管,备用。

3. 旋光仪零点的校正

(1)接通电源,开启电源开关,待钠光灯稳定后(大约 5 min),即可开始测量。

(2)取装满蒸馏水的 2 dm 盛液管放入旋光仪的管槽中,盖好盖子。校正目镜的焦距,使视野清晰。旋转手轮,应先找出如图 3-4-3(a)和图 3-4-3(c)所示的两种不同视场,然后在两种视场之间缓缓转动刻度盘手轮,使三分视场的明暗度一致,如图 3-4-3(b),读取刻度盘上所示的刻度值。重复操作 3 次,取其平均值作为零点(零点偏差值)。

4. 葡萄糖溶液旋光度的测定[3]

另取一根长 2 dm 盛液管,装入待测的葡萄糖溶液,按上述方法测其旋光度值,重复 3 次,取其平均值,读数与零点差值即为葡萄糖溶液的旋光度。已知葡萄糖溶液的比旋光度$[\alpha]_D^t=+52.5°$,计算待测的葡萄糖溶液浓度,并记下测定时的温度。

五、注解和实验指导

[1]葡萄糖溶液配好后,需放置数小时,待其达到平衡才能使用。

[2]旋光管中不能有气泡,若有可将其赶到球形凸起的上端。

[3]仪器连续使用时间不宜超过 4 h,如需使用时间较长,中间应关熄10～15 min,使钠光灯冷却后再继续使用,在连续使用时不宜经常开关。几种糖的水溶液的比旋光度$[\alpha]_D^t$见表 3-4-1。

表 3-4-1　几种糖的水溶液的比旋光度 $[\alpha]_D^t$

D-葡萄糖	D-甘露糖	D-半乳糖	D-果糖	D-核糖	蔗糖
+52.7°	+14.5°	+80.2°	-92°	-23.7°	+66.5°

六、思考题

1. 测定旋光性化合物的旋光度有何意义？

2. 旋光度和比旋光度有何不同？

3. 已知某化合物比旋光度 $[\alpha]_D^t$ 为 +66.4°，当用 2 dm 的盛液管测试时，旋光度 α 为 +9.96°，试计算该化合物的浓度。

3-5　分子模型操作

一、实验目的

1. 熟悉有机化合物中碳原子的 sp^3、sp^2、sp 三种杂化方式及空间构型。

2. 加深对有机分子立体结构的认识。

3. 加深对构象异构、顺反异构、对映异构和立体化学概念的进一步认识。

二、实验原理

有机化合物中，根据杂化轨道理论，碳原子有 3 种杂化类型：sp^3 杂化、sp^2 杂化、sp 杂化。sp^3 杂化，四个杂化轨道的能量相等、形状相同，分别对称地指向四面体的 4 个顶点，互相之间的夹角为 109°28′。sp^2 杂化，三个杂化轨道在同一平面内，互成 120°夹角，未参加杂化的 p 轨道与这一平面垂直。sp 杂化，两个杂化轨道为直线形分布，之间夹角为 180°，两个未杂化的 p 轨道相互垂直并与杂化轨道垂直。

烷烃分子中，碳原子的 sp^3 杂化轨道与其他原子成键时形成 σ 键，σ 键有轴对称性，两成键原子可相对"自由"旋转。例如，乙烷分子的两个碳原子间的 σ 键"自由"旋转可产生包括交叉式构象和重叠式构象在内的无数构象异构体，其中最稳定的交叉式构象为优势构象。

在双键化合物分子中，碳原子的 3 个 sp^2 杂化轨道分别与其他原子形成

3 个 σ 键,未杂化的 p 轨道与其他原子的 p 轨道"肩并肩"重叠形成一个 π 键,且 π 键垂直于 3 个 σ 键所在的平面,π 键电子云对称分布于平面上下方,没有轴对称性,所以双键相连的两个碳原子不能自由旋转。例如,丁-2-烯分子中,由于是双键连接,π 键阻碍了 C$_2$ 和 C$_3$ 之间的旋转,因此,与 C$_2$ 相连的两个基团和与 C$_3$ 相连的两个基团便有两种可能排列,即产生顺反异构。

　　叁键中含有一个由 sp 杂化轨道形成的 σ 键,两个未杂化的 p 轨道可形成相互垂直的两个 π 键,这两个 π 键又与 σ 键键轴直交,因此叁键也不能自由旋转。

　　有机化合物分子的异构现象包括构造异构和立体异构,立体异构可分为构型异构和构象异构,而构型异构又可分为顺反异构和对映异构。通常使用的有机化合物结构模型有三种,即 Kekul's 模型(球棒模型)、Stuart 模型(比例模型)、Dreiding 模型(骨模型)。图 3-5-1 是它们分别表示甲烷分子时的不同形态。

甲烷的分子的Kekul's模型　　甲烷分子的Stuart模型　　甲烷分子的Dreiding模型

图 3-5-1　甲烷分子的模型

　　Kekul's 模型以小球和短棒组成,以不同颜色不同大小的球表示不同的原子,以长短不同的直形或弯形短棒表示不同的化学键。此模型使我们能直接观察到分子中各原子的排列以及成键情况,但不能很好地反映出分子中各原子和基团的相对大小以及分子中电子云的分布情况。更需注意的是,Kekul's 模型用短棒表示化学键,虽便于观察,但这种夸张的做法有时会引起对键长和成键电子云形状的误解。此模型应用范围广,拆卸组合容易,故经常使用。

　　Stuart 模型是依实际分子中各原子的大小和电子云的重叠成键情况,按近似比例放大而制成。它较 Kekul's 模型更真实地反映分子的实际情况,但不及 Kekul's 模型使用方便、直观。Dreiding 模型按照分子的键长和键角放大制成,较真实地反映出分子的碳架结构。它由实心金属棒和空心金属棒相互组合而成,因其体积小,组合准确,通常制成核酸、蛋白质以及多环等有机大分子模型供观察。

三种模型在表示分子结构时各有优点和不足。以下根据实验内容仅介绍 Kekul's 模型的一些使用方法及需注意的问题。

构造异构是指分子式相同的分子中,由于键合方式和原子的连接顺序不同所产生的异构。用 Kekul's 模型来表示构造异构时,除注意不同原子用不同的小球外,还需注意各小球是否按杂化轨道的数目和角度打有一些小孔。在用 Kekul's 模型表示有机分子的构造时,应注意分子中各原子的相互连接顺序。

构象是指分子依靠键的旋转和扭曲所能达到的各种空间形状。例如正丁烷中 C_2—C_3 键的旋转可产生全重叠式、邻位交叉式、部分重叠式、对位交叉式四种典型构象式及它们之间的各种过渡态构象式,环己烷分子也有船式和椅式两种典型构象式及过渡态构象式。

顺反异构是指由于双键或环状结构的存在,使分子中的一个原子或基团限制在一个参考平面的同侧或异侧产生的异构。例如在丁-2-烯中,参考平面是垂直于纸平面的两个双键碳原子所在平面,两个甲基或两个氢原子在这个参考平面的同侧或异侧而产生顺反异构,即顺丁-2-烯和反丁-2-烯。

对映异构是指构造相同的两个化合物,互为实物与其镜像,且不能重合而造成的异构现象。手性是产生对映异构现象的结构依据,手性分子中常见的手性因素是手性中心,常见于手性碳原子(不对称原子)。例如 D-甘油醛和 L-甘油醛就是一对对映异构体。有手性原子的分子不一定产生对映异构。例如,内消旋分子虽然有手性原子,但就整个分子来看是一个对称分子,所以是非手性分子,没有旋光性。

用 Kekul's 模型表示对映异构时,最好按费歇尔(Fischer)投影式规则来做,即主碳链处于垂直方向,编号最小的碳原子位于上端,且与手性碳原子相连的四个原子或基团中朝向观察者的两个原子或基团处于水平方向,而远离观察者的两个原子或基团处于垂直方向。若各分子均按 Fischer 投影式规则搭成模型并一致放好,考察对映异构体的相互关系,将不再是一件困难的事。比较两个结构式的异同,只需看它们所对应的模型能否完全重叠,若能,则这两个模型所对应的分子表示同一化合物;反之,就必定是不同的分子。这种判断化合物结构异同的方法,也适用于其他各种异构现象。

三、仪器

球棒式模型一套。

四、实验内容

1. 碳原子的杂化类型

乙烷、乙烯和乙炔：用模型表示乙烷、乙烯和乙炔分子，比较 sp^3、sp^2、sp 杂化碳原子的键角区别，指出哪些键可以自由旋转，哪些不能。观察乙烯分子中各原子的共平面性，π 键和 σ 键平面的垂直关系，乙炔分子中两个 π 键的相互垂直关系。

2. 构象异构

（1）乙烷的构象

用模型表示乙烷分子，旋转碳碳单键，使形成重叠式和交叉式，画出其透视式和纽曼（Newman）投影式。

（2）正丁烷的构象

用模型表示正丁烷分子，在正丁烷模型中将 C_2—C_3 单键逐渐旋转 $360°$，使之形成对位交叉、邻位交叉、部分重叠、完全重叠四种典型构象。比较各构象中各原子的相互排斥作用的大小，理解能量变化曲线。分别用锯架式和纽曼投影式作图，并注明各构象异构体的名称，指出最稳定的优势构象。

（3）环己烷的构象

用模型表示环己烷分子。

①比较环己烷椅式和船式两种典型构象的不同，分析稳定性影响因素，指出稳定的优势构象。

②观察椅式环己烷模型的 a 键和 e 键，并注意每两个相邻或相隔的碳原子上 a 键和 e 键的相对位置，比较 a 键和 e 键所受到的其他原子排斥作用的大小。观察每两个相邻碳原子是否属于邻位交叉构象，画出椅式环己烷的构象透视式，并标明各碳原子的 a 键和 e 键。

③用模型表示 1,2-二甲基环己烷分子的椅式构象，了解其顺反异构体和对映异构体，并比较稳定性，写出其顺、反异构体的椅式构象。

④用模型表示 1,4-二甲基环己烷分子的椅式构象，了解其顺反异构体，从模型中找出无对映异构的对称因素，并比较稳定性，写出其顺、反异构体的

椅式构象。

(4)顺式和反式十氢化萘分子模型

十氢化萘可看成是两个环己烷稠合在一起,环己烷的优势构象是椅式构象,两个椅式稠合方式有两种,一种是 ee 稠合,一种是 ea 稠合,用模型表示十氢化萘顺反异构体的椅式构象,比较其结构的稳定性。画出构象表示式,注明顺/反构型及环的稠合方式。

3. 构型异构

(1)顺反异构

①用模型表示丁-2-烯的顺式和反式两种构型,观察两者能否重合以及两个甲基的相对远近距离。画出两者的平面结构式,并用顺/反构型标示法及 Z/E 构型标示法命名。

②若将丁-2-烯分子中的两个甲基换成羧基,这个分子模型代表丁烯二酸,比较顺式和反式两种构型,从中理解丁烯二酸易失水生成顺丁烯二酸酐的原因。

(2)旋光异构

①乳酸分子(2-羟基丙酸)

用模型表示 2-羟基丙酸的一对对映异构体,用五种颜色球分别代表 C^*、—CH_3、—$COOH$、—OH、—H。比较对映异构体的异同,指出手性碳原子 C_2 在哪里。观察两种构型是否重合,并体会对映异构与构象异构以及其他异构现象的差异。写出乳酸分子的立体结构式(用虚线表示朝后的键,用楔形实线表示朝前的键)和 Fischer 投影式,并注明分子的 D/L 构型和 R/S 构型。

②酒石酸分子(2,3-二羟基丁二酸)

用模型表示酒石酸分子的所有对映异构体,观察各模型的对称性,指出各异构体是否具有旋光性,以及各异构体之间的相互关系。旋转不同的模型和模型中表示共价键的长短棍,试图将各模型重合。得出能否重合的结论后,再画出各异构体的 Fischer 投影式,注明各异构体的 R/S 构型,根据构型再判断各异构体的异同,找出各异构体之间手性碳构型差异的规律。在内消旋体中找出其对称因素。

五、注解和实验指导

通常用黑色球代表碳原子,以较长的棒表示碳碳键、碳氧键、碳卤键等,以较短的棒来表示氢原子形成的共价键,弯曲的棒代表 π 键。其他原子或基团可用不同颜色的球代表。

六、思考题

试述有机化合物分子中手性碳原子、对映异构现象与分子的手性三者之间的关系。

第四章　有机化合物的制备

4-1　乙酰苯胺的制备

一、实验目的

1. 掌握乙酰苯胺的制备原理并加深对乙酰化反应的理解。
2. 熟练掌握重结晶、脱色、热过滤、抽滤等基本操作技术。

二、实验原理

乙酰苯胺在医药上曾用作退热剂,是合成许多苯系取代物的中间体。胺的乙酰化可以用冰乙酸作乙酰化试剂,也可以用乙酸酐或乙酰氯作乙酰化试剂,其反应活性次序为:乙酰氯＞乙酸酐＞冰醋酸。

对于苯胺的乙酰化,如果采用乙酰氯作为乙酰化试剂,反应比较剧烈,同时释放出来的 HCl 会使一部分苯胺转变为苯胺盐酸盐,从而使产率降低。如果采用乙酸酐作乙酰化试剂,反应平稳,收率较高。但是当用游离胺与纯乙酸酐进行酰化时,常伴有二乙酰胺($PhN(COCH_3)_2$)副产物生成。同时,由于一分子乙酸酐只能利用其中一个乙酰基,从原子经济的角度来看并不"经济"。相比较而言,冰醋酸价格便宜,试剂易得,采用冰醋酸作乙酰化试剂最经济,只是需要较长的反应时间。这种在有机化合物中引入乙酰基的反应称为乙酰化反应(acetylation reaction)。

本实验采用冰醋酸作乙酰化试剂,反应式如下:

本反应为可逆反应,故把生成的水蒸出,使反应不断向右进行。

从有机反应中得到的产物往往是不纯的,其中常夹杂有一些反应的副产物、未作用的反应物及催化剂等,所以要设法将杂质与所需的产物进行分离,加以纯化。纯化的简易有效方法有热过滤、重结晶等提纯法。

三、仪器和试剂

【仪器】100 mL 三角锥瓶,100 mL 圆底烧瓶,刺形分馏柱,150 ℃温度计,250 mL 烧杯 2 个,铁架台,铁圈,100 mL 量筒 2 个,抽滤瓶,布氏漏斗,电热套,水泵,蒸发皿,天平(或台秤),短颈漏斗,剪刀,角匙,滤纸,玻棒,沸石。

【试剂】冰醋酸,苯胺,锌粉,活性炭。主要试剂及产物的物理常数见表 4-1-1。

表 4-1-1 主要试剂及主要产物的物理常数

有机化合物	分子量	熔点/℃	沸点/℃	相对密度 d_4^{20}	水溶解度/ (g/100 mL)
苯胺	93.16	−6.3	184	1.02	3.7
冰醋酸	60.05	16.6	118	1.05	∞
乙酰苯胺	135.17	114.3	305	1.21	0.56

四、实验步骤

1. 粗产品的制备

在一干燥的 100 mL 圆底烧瓶中放入新蒸馏过的苯胺 10 mL(10.23 g,0.11 mol)[1]和 15 mL(15.6 g,0.26 mol)冰醋酸,加少许锌粉[2]及沸石 2 粒。圆底烧瓶依次连接刺形分馏柱、蒸馏头、150 ℃温度计、直形冷凝管、尾接管。尾接管下端是接收瓶,收集蒸出的水和乙酸(乙酰苯胺的合成装置图见图 4-1-1)。

用电热套加热圆底烧瓶中的反应物至沸,控制加热温度,使温度计读数保持在 105 ℃左右(不超过 110 ℃),经过大约 40 min,反应所生成的水几乎完全蒸出(含少量未反应的醋酸),收集馏出液 6～8 mL 时,温度计读数下降或不稳定,表示反应已经完成。在搅拌下趁热将烧瓶中的液体倒入盛有 100 mL 冰水的烧杯中,析出乙酰苯胺结晶。冷却后将产物用布氏漏斗抽滤,抽干后用少许冷蒸馏水洗涤 3 次,抽滤得粗产品。

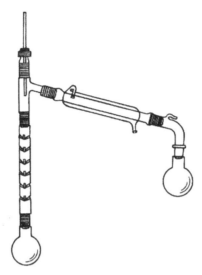

图 4-1-1　乙酰苯胺的合成装置

2. 精制

将粗产品移至 250 mL 烧杯中,加入 100～150 mL 蒸馏水,加热至沸,乙酰苯胺完全溶解(如果乙酰苯胺不完全溶解,可再加 25 mL 蒸馏水[3])。稍放冷,加 0.5 g 活性炭脱色[4][5],搅拌使活性炭较均匀地分散在溶液中,然后煮沸 5 min。预热布氏漏斗和抽滤瓶,趁热抽滤。

将滤液尽快转入 150 mL 的烧杯中,冰水浴冷却,乙酰苯胺的片状晶体析出。用布氏漏斗抽滤,得结晶,并用少量的冷蒸馏水洗涤 2～3 次,压紧抽干。结晶放在蒸发皿上,用水浴干燥,称重,并计算产率。

乙酰苯胺为白色有光泽片状结晶或白色结晶粉末,熔点为 114.3 ℃。

五、注解和实验指导

[1]久置的苯胺颜色深,含有杂质,会影响生成的乙酰苯胺的质量,因此最好用新蒸的苯胺。

[2]加入少许锌粉的目的是防止苯胺在加热过程中被氧化。

[3]在 100 mL 水中,乙酰苯胺的溶解度与温度的关系为:100 ℃ 溶解 5.55 g,80 ℃ 溶解 3.45 g,50 ℃ 溶解 0.84 g,20 ℃ 溶解 0.46 g。乙酰苯胺的熔点为 114 ℃,在沸水中乙酰苯胺可转变成油状物,所以在制备饱和溶液时,必须使油状物完全溶解。

[4]活性炭是一种空隙结构发达,比表面很大,有很强吸附力的炭。它能吸附有机物质,故在有机合成上常用来脱去有色物质,该操作称为"脱色"。

[5]活性炭不能加入沸腾或很热的溶液中,以免溶液暴沸。

六、思考题

1. 重结晶提纯的原理是什么?

2. 为什么在合成乙酰苯胺的步骤中,反应温度应控制在 105 ℃?

3. 在合成乙酰苯胺的步骤中,为什么采用刺形分馏柱?

4. 为什么采用过量的冰醋酸进行反应?

5. 什么叫酰化反应,哪些物质可作为酰化剂?

6. 本实验的产品最后的步骤是在水浴上进行干燥,能否采用明火干燥?为什么?

7. 为什么在合成步骤中,生成的产物要在趁热和不断搅拌的情况下倒入冰水中,意义何在?

4-2 葡萄糖酸锌的制备

一、实验目的

1. 了解锌的生物意义,学习葡萄糖酸锌的制备方法。

2. 巩固蒸发、浓缩、过滤、重结晶等基本操作。

二、实验原理

锌是人体必需的微量元素之一,人体一切器官中都含有锌。锌具有多种生物作用,存在于众多的酶系中,如碳酸酐酶、呼吸酶、乳酸脱氢酶、超氧化物歧化酶、碱性磷酸酶、DNA 和 RNA 聚合酶等,是核酸、蛋白质、碳水化合物的合成和维生素 A 的利用所必需的元素。锌具有增强人体免疫力、促进生长发育和改善味觉的作用。锌缺乏时出现味觉、嗅觉差,厌食,生长与智力发育低于正常水平。

葡萄糖酸锌为补锌药,具有见效快、吸收率高、副作用小等优点,主要用于儿童及老人、妊娠妇女因缺锌引起的生长发育迟缓、营养不良、厌食症、复发性口腔溃疡、皮肤痤疮等症。

过去常用硫酸锌作添加剂,但它对人体肠胃道有刺激作用,且吸收率低,而以葡萄糖酸锌作添加剂,见效快,吸收率高,副作用小,使用方便。葡萄糖酸锌是目前首选的补锌药和营养强化剂,特别适合作为儿童食品、糖果、乳制品的添加剂。

葡萄糖酸锌由葡萄糖酸钙直接与锌的氧化物或盐制得。本实验采用葡萄糖酸钙与等物质的量的硫酸锌直接反应制得。其反应式如下:

$$[CH_2OH(CHOH)_4COO]_2Ca + ZnSO_4 \longrightarrow [CH_2OH(CHOH)_4COO]_2Zn + CaSO_4 \downarrow$$

过滤除去 $CaSO_4$ 沉淀,溶液经浓缩可得无色或白色葡萄糖酸锌结晶。葡萄糖酸锌无味,易溶于水,极难溶于乙醇。

三、仪器和试剂

【仪器】恒温水浴锅,250 mL 烧杯,蒸发皿,温度计,布氏漏斗,抽滤装置,量筒。

【试剂】硫酸锌,葡萄糖酸钙,95％乙醇。

四、实验步骤

1. 粗品的制备

取 80 mL 蒸馏水置于 250 mL 烧杯中,加热至 80～90 ℃,加入 13.4 g $ZnSO_4 \cdot 7H_2O$ 并使其完全溶解,将烧杯放在 90 ℃ 的恒温水浴中,再逐渐加入 20 g 葡萄糖酸钙,并不断搅拌。在 90 ℃ 水浴上保温 20 min 后趁热抽滤[1],滤液移至蒸发皿中并在沸水浴上浓缩至黏稠状(体积约为 20 mL,如浓缩液有沉淀,需过滤掉)。滤液冷至室温,加 20 mL 95％乙醇并不断搅拌,此时有大量的胶状葡萄糖酸锌析出。充分搅拌后,用倾析法去除乙醇液。再在沉淀上加 20 mL 95％乙醇,充分搅拌后,沉淀慢慢转变成晶体状,抽滤至干[2],即得粗品(母液回收)。

2. 精制

将粗品加 20 mL 水,加热搅拌至溶解,趁热抽滤,滤液冷至室温,加 20 mL 95％乙醇,充分搅拌,结晶析出后,抽滤至干,即得精品,在 50 ℃ 下烘干。

五、注解和实验指导

[1]为防止提前结晶造成产品损失,溶液一定要趁热抽滤,抽滤速度要快。如有晶体在滤纸上析出,应用热溶剂洗涤。

[2]抽滤时,用乙醇冲洗蒸发皿和润洗晶体。

六、思考题

如果选用葡萄糖酸为原料,以下四种含锌化合物中应选择哪种?为什么?

A.ZnO   B.ZnCl$_2$ C.ZnCO$_3$ D.Zn(CH$_3$COO)$_2$

4-3 肥皂的制备

一、实验目的

1. 了解油脂的皂化原理。
2. 熟悉加热回流反应和抽滤的操作。

二、实验原理

油脂是高级脂肪酸甘油酯的混合物,属于酯类,因此在酸、碱或酶催化下,油脂会发生水解反应,水解为甘油和相应的高级脂肪酸。在碱性条件下水解比较完全,生成的高级脂肪酸的钠盐是肥皂的主要成分,故把油脂的碱性水解称为皂化。由于油脂不溶于水,在皂化反应中与氢氧化钠溶液接触不好,反应很慢,加入乙醇可以增加油脂与碱溶液的混溶性,使其形成均匀的溶液,从而加快皂化反应的进行。完全皂化1 g油脂所需的氢氧化钾的质量(mg)称为油脂的皂化值,皂化值是表示油脂质量及油脂特点的一个重要参数。同种油脂,其纯度越高,皂化值越大;油脂分子中所含碳链越长,皂化值越小。一般油脂的皂化值在200 mg(KOH)/g左右。

油脂皂化后不溶于饱和食盐水,通过盐析可以将皂化反应产生的高级脂肪酸钠盐与甘油进行分离。工业上制造肥皂就是利用这个原理,生成的高级脂肪酸钠经过压滤制成肥皂,滤液经过蒸馏获得甘油。

三、仪器和试剂

【仪器】电热套,100 mL 双颈瓶,球形冷凝管,布氏漏斗,抽滤装置,量筒。

【试剂】花生油,无水乙醇,30％氢氧化钠溶液,饱和食盐水。

四、实验步骤

量取 10 mL 花生油倒入 100 mL 双颈瓶中,再加入 12 mL 无水乙醇和 20 mL 30％氢氧化钠溶液,投入几粒沸石。连接好球形冷凝管(另一接口塞入塞子),接通冷凝水和电热套电源,加热回流 30 min。检测是否皂化完全(用吸管吸取 2 滴试样放入试管中,加入 2 mL 水,加热振荡,若试样完全溶解,没有油滴,表示皂化完全,否则应继续加热直至皂化完全)。

皂化完全后,将稍微冷却的皂化液[1]迅速倒入盛有 60 mL 饱和食盐水的烧杯中,边倒边缓慢搅拌,会有固体浮于液体表面。冷却到室温后,抽滤,滤渣即为肥皂,记录肥皂的状态和颜色。

五、注解和实验指导

[1]反应液不能冷却至室温,否则不容易从圆底烧瓶中倒出润洗晶体。

六、思考题

1. 油脂皂化反应中,氢氧化钠和乙醇各起什么作用?
2. 如何检验油脂的皂化作用是否完全?

4-4　乙酸乙酯的制备

一、实验目的

1. 通过乙酸乙酯的制备,了解羧酸与醇合成酯的一般原理和方法。
2. 进一步巩固蒸馏、用分液漏斗萃取、液体干燥等基本操作。

二、实验原理

乙酸乙酯是具有水果香味的无色液体,是一种重要的有机溶剂,是药物、染料及香料合成的原料,也是调配水果香型食用香精的组分。本实验以冰醋酸和乙醇为原料,在浓硫酸催化作用下发生酯化反应制备乙酸乙酯。

$$CH_3COOH + C_2H_5OH \underset{110\sim120\ ℃}{\overset{浓\ H_2SO_4}{\rightleftharpoons}} CH_3COOC_2H_5 + H_2O$$

温度应控制在 $110\sim120\ ℃$ 之间,不宜过高,因为乙醇和乙酸都易挥发。酯化是可逆反应,生成的乙酸乙酯在同样的条件下又水解成乙酸和乙醇。通常采用增加酸或醇的用量以及不断移去产物中的酯或水的方法来获得较高产率的酯。

反应完成后,初馏液中除乙酸乙酯外,还含有少量乙醇、水、乙酸等,故需用碳酸钠溶液洗去酸,用饱和氯化钙溶液洗涤除去其中的醇,并用无水硫酸镁进行干燥。

三、仪器和试剂

【仪器】铁架台,电热套,三颈瓶,冷凝管,滴液漏斗,分液漏斗,温度计,圆底烧瓶,接液管,量筒,pH 试纸。

【试剂】95%乙醇,浓硫酸,冰醋酸,饱和氯化钠溶液,饱和碳酸钠溶液,饱和氯化钙溶液,无水硫酸镁。主要试剂及产物的物理常数见表 4-4-1。

表 4-4-1 主要试剂及主要产物的物理常数

化合物	分子量	熔点/℃	沸点/℃	相对密度 d_4^{20}	折光率 n_D^{20}	溶解度 水	95%乙醇	乙醚	其他
乙酸乙酯	88.12	−83.58	77.06	0.9003	1.3723	8.5	互溶	互溶	苯:互溶
乙酸	60.05	16.6	117.9	1.049	1.3714	互溶	互溶	互溶	苯:互溶
乙醇	46.07	−117.3	78.5	0.7893	1.3611	互溶	—	互溶	苯:可溶
浓硫酸	98.07	—	—	1.84	—	互溶	互溶	—	
饱和碳酸钠溶液				1.1463					
饱和氯化钠溶液				1.1804					
饱和氯化钙溶液				1.3957					

四、实验步骤

1. 乙酸乙酯的合成

如图 4-4-1 所示,在 100 mL 磨口三颈瓶中,加入 12 mL 95%乙醇,在振摇下分批加入 12 mL 浓硫酸使混合均匀,并加入几粒沸石。三颈瓶两侧口分别插入 60 mL 滴液漏斗及温度计,温度计的水银球浸入液面以下(距瓶底 0.5～1 cm),中间一口通过蒸馏头接冷凝装置,用 50 mL 锥形瓶接收[1]。

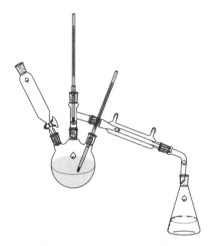

图 4-4-1 乙酸乙酯合成装置

将 12 mL 95%乙醇及 12 mL 冰醋酸(约 12.6 g,0.21 mol)的混合液经由 60 mL 滴液漏斗先滴入蒸馏瓶内 3～4 mL,然后用电热套缓慢加热三颈瓶,使瓶中反应液温度升到 110～120 ℃。这时在蒸馏管口应有液体蒸出来,再从滴液漏斗慢慢滴入其余的混合液。控制滴入速度和馏出速度大致相等[2],并维持反应液温度在 110～120 ℃之间[3]。滴加完毕后,继续加热数分钟,直到温度升高到 130 ℃时不再有液体馏出为止。

粗产品中除了有乙酸乙酯外,还有水和少量未反应的乙酸、乙醇以及其他副产物,必须通过处理加以除去。

往馏出液中慢慢加入饱和碳酸钠溶液(约 10 mL),不时摇动,直至无二氧化碳气体逸出(用 pH 试纸检验,酯层应呈中性)。将混合液移入分液漏斗,充分振摇(注意活塞放气)后,静置。分去下层水溶液,酯层用 10 mL 饱和食盐水洗涤后[4],再每次用 10 mL 饱和氯化钙溶液洗涤 2 次[5]。弃去下层液,酯层自分液漏斗上口倒入干燥的 50 mL 锥形瓶中,用适量的无水硫酸镁(或无水硫酸钠)干燥 30 min[6]。

2. 乙酸乙酯的精制

准备一套干燥的小型蒸馏装置,将上述经过干燥的酯层滤入干燥的 50 mL 蒸馏瓶中,加入沸石后在电热套上进行蒸馏。收集 73～78 ℃ 的馏分,称重(可先将干燥的空接受瓶称量好),产量 10.5～12.5 g,计算产率。

纯乙酸乙酯为无色而有香味的液体,沸点为 77.06 ℃,n_D^{20} 为 1.3723。

五、注释和实验指导

[1]对于沸点较低的酯,若采用相应的酸与醇回流加热来制备,常常不够理想。本实验所采用的酯化方法,适用于合成一些沸点较低的酯类。优点是能连续进行,用较小容积的反应瓶制得较大量的产物。

[2]滴加速度太快会使醋酸和乙醇来不及作用而被蒸出。

[3]反应的温度不宜过高,因为温度过高会增加副产物的产量。本实验中涉及的副反应较多,如:

$$2C_2H_5OH \xrightarrow{\text{浓 } H_2SO_4} C_2H_5OC_2H_5 + H_2O$$

$$C_2H_5OH + H_2SO_4 \longrightarrow CH_3CHO + SO_2 + H_2O$$

[4]在洗液过程中,用饱和 Na_2CO_3 溶液中和萃取后,要用饱和 NaCl 溶液萃取一次,然后再用饱和 $CaCl_2$ 溶液萃取,否则,液体中如果残留有 Na_2CO_3,则会和 Ca^{2+} 生成 $CaCO_3$ 沉淀而影响产品的纯化过程。而且为减少酯在水中的溶解度(每 17 份水溶解 1 份乙酸乙酯),用饱和食盐水洗涤。

[5]饱和氯化钙溶液可洗去未参加反应而蒸出的乙醇。乙醇必须洗净,否则它能与乙酸乙酯、水等形成共沸物,增多前馏分,降低产率。

[6]加入适量无水硫酸镁静置一定时间直至溶液变得澄清即可。乙酸乙酯与水形成沸点 70.4 ℃ 的二元恒沸混合物(含水 8.1%);乙酸乙酯、乙醇与水形成沸点 70.2 ℃ 的三元恒沸混合物(含乙醇 8.4%、水 9%)。如果在蒸馏前不把乙酸乙酯中的乙醇和水除尽,就会有较多的前馏分。

六、思考题

1. 酯化反应有何特点?实验中采取了哪些措施提高酯的产量?
2. 用饱和氯化钠溶液和饱和氯化钙溶液分别洗涤粗产品的目的是除去

哪些杂质?

　　3. 在本实验中硫酸起什么作用?

　　4. 蒸出的粗乙酸乙酯中主要有哪些杂质?

　　5. 能否用浓氢氧化钠溶液代替饱和碳酸钠溶液来洗涤蒸馏液?

4-5　环己酮的制备

一、目的要求

1. 学习由醇氧化法制备酮的实验室方法。
2. 进一步熟练掌握分液漏斗的使用方法。

二、基本原理

　　由二级醇制备酮,最常用的氧化剂为重铬酸盐与浓硫酸的混合液,或三氧化铬的冰醋酸溶液等,酮在此条件下比较稳定,产率也较高。反应式如下:

$$\text{〈}\rangle\text{—OH} \xrightarrow[\text{浓 } H_2SO_4]{K_2Cr_2O_7} \text{〈}\rangle\text{=O}$$

三、仪器和试剂

　　【仪器】250 mL 圆底烧瓶,温度计,蒸馏装置,分液漏斗。

　　【试剂】浓硫酸,环己醇,重铬酸钾,草酸,食盐,无水碳酸钾。

四、实验步骤

　　在 250 mL 圆底烧瓶内,加入 90 mL 冰水,在搅拌下慢慢加入 14 mL 浓硫酸,充分混匀,小心地加入 14 mL 环己醇(0.13 mol)。在上述混合液内插入一支温度计,将溶液冷却至 30 ℃以下。

　　称取 14 g 重铬酸钾(0.047 mol)固体,先加入少量重铬酸钾,振摇烧瓶,这时可观察到反应温度上升,反应液由橙红色变为墨绿色[1],表明氧化反应已经发生[2]。继续向圆底烧瓶中分批逐渐加入剩余的重铬酸钾,同时不断振摇烧瓶,控制添加速度,保持烧瓶内反应液温度在 55～60 ℃之间。若超过此温度时立即在冰水浴中冷却。加完后,继续振摇反应瓶,直至观察到温度自动下降 1~2 ℃。然后再加入少量的草酸(约需 0.7 g),振摇,使反应液完全变成墨绿色,以破坏过量的重铬酸盐。

在反应瓶内加入 60 mL 水,再加两粒沸石,装成蒸馏装置[3],将环己酮与水一起蒸馏出来,环己酮与水能形成共沸点为 95 ℃ 的共沸混合物。直至馏出液不再混浊后再多蒸约 10 mL(共收集馏出液 60~80 mL)[4],用食盐(需 10~13 g)饱和馏出液后移入分液漏斗中,静置后分出有机层,用适量的无水碳酸钾干燥(静置 20 min),过滤,蒸馏,收集 150~156 ℃ 馏分。称重,计算产率。

环己酮的沸点为 156.6 ℃,折光率为 1.4507。

五、注释和实验指导

[1]橙红色的重铬酸盐变成墨绿色的低价铬盐。

[2]若氧化反应还没有发生,不要继续加入氧化剂,因过量的氧化剂能使反应过于激烈而难以控制。

[3]这实际上是一种简化的水蒸气蒸馏装置。

[4]水馏出量不宜过多,否则即使使用盐析,仍不可避免少量环己酮溶于水中而损失(31 ℃ 时环己酮在水中的溶解度为 2.4 g)。

六、思考题

1. 当反应结束后,为什么要加入草酸? 如果不加入草酸有什么不好?

2. 用高锰酸钾的水溶液氧化环己酮,得到什么产物?

3. 本反应可能有哪些副产物生成? 试写出有关的化学反应方程式。

4-6　己二酸的合成

一、实验目的

1. 掌握己二酸制备的原理和方法。

2. 巩固液体浓缩、重结晶等操作。

二、实验原理

己二酸是合成尼龙 66 的主要原料之一,可由环己醇或环己酮氧化得到,常用的氧化剂有高锰酸钾或重铬酸钾。由于在酸性介质中,高锰酸钾的氧化能力强,会使碳碳键发生断裂,产生较多副产物,所以常在碱性介质中进行反应。

$$\text{环己酮} \xrightarrow[\triangle]{KMnO_4,NaOH} \begin{matrix} COONa \\ COONa \end{matrix} \xrightarrow{H^+} \begin{matrix} COOH \\ COOH \end{matrix}$$

三、仪器与试剂

【仪器】250 mL 锥形瓶,温度计,布氏漏斗,滤纸,减压抽滤装置,量筒(10 mL、100 mL),电热套,pH 试纸。

【试剂】环己酮,高锰酸钾,氢氧化钠溶液($0.3\ mol \cdot L^{-1}$),碳酸钠溶液($1\ mol \cdot L^{-1}$),浓硫酸,活性炭,冰。

四、实验步骤

在 250 mL 三角锥瓶中,加入 50 mL 0.3 mol·L^{-1} 氢氧化钠溶液和 2 mL(0.02 mol)环己酮。称取 6.3 g(0.04 mol)高锰酸钾,分批逐渐加入反应瓶中,并不断摇动,用冷水浴控制反应温度不超过 40 ℃[1]。加完高锰酸钾后,改用热水浴维持温度 50 ℃ 30 min,随着反应的进行有大量的二氧化锰沉淀产生。

抽滤反应混合物,用 10 mL 1 mol·L^{-1} 碳酸钠溶液洗涤滤渣两次[2]。滤液置于烧杯中,加热浓缩至 10~20 mL[3],冷却至室温后,用浓硫酸酸化至 pH 1~2,冰水浴冷却,使己二酸沉淀完全,抽滤,得粗产品。

粗产品用 10 mL 水加热溶解,加少量活性炭加热脱色 5 min,趁热过滤。滤液放冷,冰浴,析出晶体,抽滤得产品,称重,计算产率。

五、注解和实验指导

[1]反应物混合后,反应可能没有立即开始。若室温较低时,可用 40 ℃水浴温热,当温度升至 30 ℃时,应立即撤开温水浴,避免反应过于剧烈,物料冲出反应容器。

[2]滤渣中尚夹杂有己二酸盐,故需用碳酸钠溶液把它洗出。

[3]不同温度下己二酸的溶解度见表4-6-1。蒸发浓缩母液,同时用粗产物用冰水洗涤,均能减少己二酸溶解损失。

表4-6-1　不同温度下己二酸的溶解度

温度/℃	15	34	50	70	87	100
溶解度/(g/100 mL)	1.44	3.08	8.46	34.1	94.8	100

六、思考题

为什么必须控制反应的温度?

4-7　1-溴丁烷的制备

一、实验目的

1. 学习以溴化钠、浓硫酸及正丁醇制备 1-溴丁烷的原理和方法。
2. 掌握带有吸收有害气体装置的回流和加热操作方法。
3. 巩固分液漏斗的洗涤操作。

二、实验原理

利用饱和碳原子上发生亲核取代反应,从正丁醇制备 1-溴丁烷,反应式为:

$$NaBr + H_2SO_4 \longrightarrow HBr + NaHSO_4$$
$$n\text{-}C_4H_9OH + HBr \rightleftharpoons n\text{-}C_4H_9Br + H_2O$$

可能的副反应有:

$$CH_3CH_2CH_2CH_2OH \xrightarrow[\triangle]{浓\ H_2SO_4} CH_3CH_2CH=CH_2 + H_2O$$

$$2CH_3CH_2CH_2CH_2OH \xrightarrow[\triangle]{浓\ H_2SO_4} C_4H_9OC_4H_9 + H_2O$$

$$2HBr + H_2SO_4 \longrightarrow Br_2 + SO_2 + 2H_2O$$

反应中,溴化钠与浓硫酸作用生成氢溴酸,过量的硫酸使平衡向生成产物的方向移动,因为它通过产生更高浓度的氢溴酸及吸水作用,加速反应的进行。硫酸还能使醇的羟基质子化,因而离去基团不是氢氧离子而是更好的离去基团水分子。另外,硫酸还使生成的水质子化,阻止了卤代烃通过水解而变回醇,以使反应顺利生成产物。在 1-溴丁烷的分离过程中,用硫酸洗涤粗产品以洗去未反应的正丁醇,并除去反应副产物烯烃和醚。

三、仪器与试剂

【仪器】150 mL 圆底烧瓶,回流冷凝管,分液漏斗,50 mL 锥形瓶,50 mL 蒸馏瓶,漏斗,滤纸。

【试剂】浓 H_2SO_4,正丁醇,溴化钠,无水 $CaCl_2$,饱和 $NaHCO_3$ 溶液。主要试剂及产物的物理常数见表 4-7-1。

表 4-4-1　主要试剂及主要产物的物理常数

名称	相对分子质量	性状	相对密度 d_4^{20}	沸点/℃	溶解度/ $(g/100\ mL\ H_2O)$
正丁醇	74.12	无色透明液体	0.8098	117.71	7.920
1-溴丁烷	137.03	无色透明液体	1.299	101.6	不溶

四、实验步骤

在 150 mL 圆底烧瓶中,放入 20 mL 水,小心加入 29 mL(0.53 mol)浓硫酸,混合均匀,冷至室温。依次加入 15 g(约 18.5 mL, 0.20 mol)正丁醇,25 g (0.24 mol)研细的溴化钠。充分振摇后,加入 1~2 粒沸石。装上回流冷凝管,在其上端接一吸收溴化氢气体的装置,倒置的漏斗边缘恰好触及烧杯中的稀氢氧化钠溶液表面,参见图 4-7-1(勿使漏斗全部埋入水中,以免倒吸)。

将烧瓶在电热套上用小火加热回流 1 h,并经常摇动[1]。冷却后,拆去回流装置,稍冷却后,再向烧瓶内加几粒沸石,改

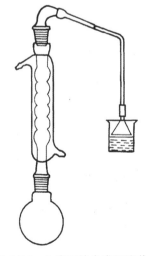

图 4-7-1　1-溴丁烷合成回流装置

为常压蒸馏装置。用 50 mL 锥形瓶作接收器,加热,蒸出所有的 1-溴丁烷[2]。

将馏出液移至分液漏斗,加入 15 mL 水洗涤[3],将下层粗产物分入另一干燥的分液漏斗中,用 10 mL 浓硫酸洗涤[4],尽量将下层的硫酸层分离干净。剩余的有机层自分液漏斗上口倒入另一已洗净的分液漏斗中。再依次用水、饱和碳酸氢钠溶液及水各 15 mL 分别洗涤。将下层产物置于干燥的 50 mL 锥形瓶中,加入约 2 g 无水氯化钙,塞紧瓶塞静置干燥 1 h。

将干燥后的产物通过有折叠滤纸的小漏斗滤入 50 mL 蒸馏瓶中,加入沸石后在电热套上加热蒸馏,收集 99～103 ℃的馏分,称重,计算产率。

纯粹 1-溴丁烷的沸点为 101.6 ℃,折光率 n_D^{20} 为 1.4399。

五、注解和实验指导

[1]在加料过程中及回流时应不时摇动,否则将影响产量。

[2]1-溴丁烷是否蒸完,可从以下三方面判断:

①馏液是否由浑浊变为澄清。

②反应瓶上层油层是否消失。

③取一已盛有水的小试管,收集几滴馏出液,振摇,观察有无油珠出现。如无,表示馏出液中已无有机物,蒸馏已完成。蒸馏不溶于水的有机物时,常可用此法检验。

[3]用水洗涤后馏液如呈红色,表示存在游离溴,可加入几毫升饱和亚硫酸氢钠溶液洗涤除去。

[4]浓硫酸洗去粗产物中少量未反应的正丁醇和副产物丁醚等杂质,因为在以后的蒸馏中,正丁醇和 1-溴丁烷可形成共沸物(沸点 98.6 ℃,含正丁醇 13％)而难以除去。

六、思考题

1. 加料时,是否可先将溴化钠与浓硫酸混合,再加正丁醇及水？为什么？

2. 反应后各步洗涤的目的是什么？用浓硫酸洗涤时为何要用干燥的分液漏斗？

3. 用分液漏斗洗涤产物时,1-溴丁烷时而在上层,时而在下层,在不知道产物的密度时,可用什么简便方法加以判断？

4. 为什么用饱和的碳酸氢钠溶液洗涤前先要用水洗一次？

5. 回流加热后反应瓶内容物呈红棕色，是什么原因导致的？

6. 为什么用分液漏斗洗涤产物时，经摇动后要放气？应从哪里放气，指向什么方向？

7. 写出无水氯化钙吸水后所起化学变化的反应式。为什么蒸馏前一定要将它过滤掉？

4-8　肉桂酸的合成

一、目的要求

1. 了解肉桂酸制备原理和方法。
2. 掌握回流、水蒸气蒸馏等操作。

二、基本原理

芳香醛和酸酐在碱性催化剂的作用下，可以发生类似羟醛缩合反应，生成 α,β-不饱和芳香酸，这个反应称为 Perkin 反应。催化剂通常是相应酸酐的羧酸钾或钠盐，也可用碳酸钾或叔胺。乙酸酐在无水醋酸钾的作用下，生成乙酸酐的碳负离子，碳负离子再与芳香醛发生亲核加成反应，生成中间物 β-羟基酸酐，然后再发生失水和水解作用就得到不饱和酸。反应式为：

$$\text{C}_6\text{H}_5-\text{CHO} + (\text{CH}_3\text{CO})_2\text{O} \xrightarrow[\text{(2)H}_3\text{O}^+]{\text{(1)CH}_3\text{COOK}} \text{C}_6\text{H}_5-\text{CH}=\text{CHCOOH} + \text{CH}_3\text{COOH}$$

三、仪器与试剂

【仪器】回流冷凝管，250 mL 圆底烧瓶，水蒸气蒸馏装置，布氏漏斗。

【试剂】无水醋酸钾，乙酸酐，苯甲醛（新蒸），碳酸钠，活性炭，浓盐酸，70% 乙醇。主要试剂及产物的物理常数见表 4-8-1。

表 4-8-1　主要试剂及主要产物的物理常数

名称	相对分子质量	性状	折光率	比重	熔点/℃	沸点/℃	溶解度/(g/100 mL H_2O)
苯甲醛	106.12	无色液体	1.5450	1.044	−26	178~179	
乙酸酐	102.08	无色液体	1.3900	1.082	−73	138~140	∞
肉桂酸	148.16	无色结晶		1.248	133~134	300	

四、实验步骤

1. 在配有回流冷凝管的 250 mL 干燥圆底烧瓶中[1]，加入 3.0 g 研细的无水醋酸钾、7.5 mL(0.078 moL)乙酸酐、5 mL(0.05 moL)新蒸过的苯甲醛和几粒沸石[2]，电热套上加热回流 1 h[3]。

2. 回流完毕后，慢慢加入固体碳酸钠(5~8 g)，使溶液呈碱性(pH≈8)，进行水蒸气蒸馏，直到馏出液无油珠后即可停止水蒸气蒸馏。

3. 向上述 250 mL 圆底烧瓶中，加入少量(约 0.5 g)活性炭[4]，装上回流冷凝管，加热回流 5~10 min，趁热过滤，尽快将滤液倒出并冷却至室温[5]，在搅拌下往滤液中慢慢滴加浓盐酸至溶液呈酸性(pH=2~3)[6]。用冰水冷却，待结晶充分析出后，抽滤，并以少量冷水洗涤结晶，干燥，称重，计算产率。

五、注解和实验指导

[1]所用仪器必须是干燥的。因乙酸酐遇水能水解成乙酸，无水CH_3COOK遇水失去催化作用，影响反应进行(包括量取苯甲醛和乙酸酐的量筒)。

[2]放久了的乙酸酐易潮解吸水成乙酸，故在实验前必须将乙酸酐重新蒸馏，否则会影响产率。久置后的苯甲醛易被氧化成苯甲酸，这不但影响产率而且苯甲酸混在产物中不易除净，影响产物的纯度，故苯甲醛使用前必须蒸馏。无水醋酸钾必须是新称取的，它的吸水性很强，操作要快。它的干燥程度对反应能否进行和产量的提高都有明显的影响。

[3]加热回流，控制反应呈微沸状态，如果反应液剧烈沸腾，易使乙酸酐蒸出而影响产率。在反应温度下长时间加热，肉桂酸易脱羧生成苯乙烯，进而生成苯乙烯低聚物。

[4]进行脱色操作时一定取下烧瓶，稍冷之后再加入活性炭。

[5]反应物必须趁热倒出,否则易凝成块状。热过滤时必须是真正热过滤,布氏漏斗要从沸水中取出,动作要快。

[6]进行酸化时要慢慢加入浓盐酸,一定不要加入太快,以免产品冲出烧杯造成产品损失。

六、思考题

1. 苯甲醛分别同丙二酸二乙酯、过量丙酮相互作用应得到什么产物? 从这些产物中如何进一步制备肉桂酸?

2. 苯甲醛和丙酸酐在无水丙酸钾的存在下,相互作用后得到什么产物?

3. 在 Perkin 反应中,醛和具有 $R_2CHCOOCOCHR_2$ 结构的酸酐相互作用,能得到不饱和酸吗? 为什么?

4-9　甲基橙的制备

一、实验目的

1. 学习重氮化反应和偶联反应的实验操作。
2. 巩固盐析和重结晶的操作。

二、实验原理

甲基橙是一种酸碱指示剂,在中性或碱性介质中呈黄色,在酸性介质中(pH<3)呈红色。制备甲基橙一般是先将对氨基苯磺酸重氮化制成对氨基苯磺酸重氮盐,再与 N,N-二甲基苯胺的醋酸盐在弱酸性缓冲介质中偶联得到。对氨基苯磺酸是一种两性化合物,其酸性比碱性强,能形成酸性内盐。它易与碱作用生成易溶的钠盐,而难与酸作用成盐,所以不溶于酸。但是重氮化反应又需在酸性介质中完成,因此进行重氮化反应时,首先将对氨基苯磺酸与氢氧化钠作用,变成可溶的对氨基苯磺酸钠。再在酸性条件下,使对氨基苯磺酸钠转变为对氨基苯磺酸从溶液中以细粒状沉淀析出,并立即与 HNO_2(亚硝酸钠在酸性条件下转变成亚硝酸)作用,发生重氮化反应,生成重氮盐,再与 N,N-二甲基苯胺发生偶联反应,生成甲基橙。反应方程式如下:

$$H_2N-\!\!\!\bigcirc\!\!\!-SO_3H + NaOH \longrightarrow H_2N-\!\!\!\bigcirc\!\!\!-SO_3Na + H_2O$$

$$H_2N-\!\!\!\!\bigcirc\!\!\!\!-SO_3Na \xrightarrow[0\sim5\ ℃]{NaNO_2+HCl} [HO_3S-\!\!\!\!\bigcirc\!\!\!\!-N\equiv N]^+Cl^-$$

$$\xrightarrow[HAc]{C_6H_5N(CH_3)_2} [H_3S-\!\!\!\!\bigcirc\!\!\!\!-N=\!\!N-\!\!\!\!\bigcirc\!\!\!\!-N\equiv N]^+Cl^-$$

$$\xrightarrow{NaOH} NaO_3S-\!\!\!\!\bigcirc\!\!\!\!-N=\!\!N-\!\!\!\!\bigcirc\!\!\!\!-N(CH_3)+NaAc+H_2O$$

三、仪器与试剂

【仪器】烧杯,抽滤装置。

【试剂】5％氢氧化钠溶液,对氨基苯磺酸,亚硝酸钠,浓盐酸,活性炭,N,N-二甲基苯胺,冰醋酸,淀粉-碘化钾试纸。

四、实验步骤

1. 重氮盐的制备

在 100 mL 烧杯中,加入 10 mL 5％氢氧化钠溶液(0.013 mol)及 2.1 g 对氨基苯磺酸晶体(约 0.01 mol)[1],玻棒搅拌下温热使溶解。另溶 0.8 g 亚硝酸钠于 6 mL 水中,加入上述烧杯内。用冰盐浴冷至 0～5 ℃,在不断搅拌下,将 3 mL 浓盐酸与 10 mL 水配成的溶液缓缓滴加到上述混合液中,并控制温度在 0～5 ℃[2]。快滴加完时,用淀粉-碘化钾试纸检验,若试纸不显蓝色,则补加亚硝酸钠溶液,至能使淀粉-碘化钾试纸显蓝色为止。将反应液在此温度(0～5 ℃)放置 15 min,以使重氮化反应完全。此时往往有细小晶体析出[3]。

2. 偶联反应

在试管内混合 1.2 g N,N-二甲基苯胺(0.01 mol)和 1 mL 冰醋酸。在不断搅拌下,将此溶液慢慢滴加到上述冷却的重氮盐溶液中。加完后,继续搅拌10 min,然后慢慢加入 25 mL 15％氢氧化钠溶液,直至反应物变为橙色,这时反应液呈碱性,粗制的甲基橙呈细粒状晶体析出[4]。将反应物在沸水浴上加热 5 min,使沉淀溶解,冷至室温后,再在冰水浴中冷却,使甲基橙晶体完全析出。抽滤,收集晶体,依次用少量水、乙醇、乙醚洗涤,压干。

欲得到较纯的产品,可用溶有少量氢氧化钠(0.1～0.2 g)的沸水(每克粗产物约需 25 mL)进行重结晶(包括加活性炭脱色)。待结晶完全析出后,抽滤,收集晶体并依次用少量乙醇、乙醚洗涤[5],得到橙色的小叶片状甲基橙结晶体。产品是一种盐,没有明确的熔点。干燥产品,称重,计算产率。

五、注解和实验指导

[1]对氨基苯磺酸和 N,N-二甲基苯胺对皮肤有刺激作用,使用时要小心。

[2]重氮化反应过程中,反应温度若高于 5 ℃,则生成的重氮盐易水解成酚,会降低产率。

[3]此时往往析出对氨基苯磺酸的重氮盐,这是因为重氮盐在水中可以电离,形成中性内盐,在低温时难溶于水而形成细小晶体析出。

[4]若反应物中含有未作用的 N,N-二甲基苯胺醋酸盐,在加入氢氧化钠后,就会有难溶于水的 N,N-二甲基苯胺析出,影响产物的纯度。湿的甲基橙在空气中受光的照射后,颜色很快变深,所以一般得紫红色粗产物。

[5]重结晶操作应迅速,否则由于产物呈碱性,在温度高时易使产物变质,颜色变深。用乙醇、乙醚洗涤的目的是使其迅速干燥。

六、思考题

1. 什么叫重氮化反应?什么叫偶联反应?简述以上两个反应的条件。
2. 甲基橙在酸、碱性介质中的颜色和结构如何变化?

4-10　呋喃甲醇和呋喃甲酸的制备

一、实验目的

1. 学习由呋喃甲醛制备呋喃甲醇和呋喃甲酸的原理和方法,加深对 Cannizzaro 反应的认识。
2. 巩固液体有机化合物分离纯化的操作方法。
3. 掌握固体有机化合物分离纯化的操作方法。

二、实验原理

在浓碱的作用下,不含 α-氢的醛可以发生自身氧化还原反应,一分子醛被氧化成酸,另一分子醛被还原为醇,这称为 Cannizzaro 反应。本实验是由呋喃甲醛(又称糠醛)和氢氧化钠作用制备呋喃甲醇和呋喃甲酸。其反应式如下：

$$2 \quad \text{CHO} + \text{NaOH} \longrightarrow \text{CH}_2\text{OH} + \text{COONa}$$

$$\text{COONa} + \text{HCl} \longrightarrow \text{COOH} + \text{NaCl}$$

三、仪器与试剂

【仪器】烧杯,分液漏斗,常压蒸馏装置,普通漏斗,布氏漏斗,抽滤装置。

【试剂】新蒸呋喃甲醛,33%氢氧化钠,乙醚,无水硫酸镁,1∶1盐酸。

四、实验步骤

将33%氢氧化钠溶液 8 mL 置于 100 mL 的烧杯中[1],将烧杯置于冰水浴中冷却至 5 ℃ 左右,不断搅拌下缓慢滴加新蒸的呋喃甲醛 6.6 mL(7.8 g,0.08 mol)(约用 10 min)[2],把反应温度保持在 8~12 ℃ 之间。滴加完后继续搅拌 15 min,反应即可完成,得淡黄色浆状物[3]。

在搅拌下加入约 8 mL 水至固体全溶[4],将溶液转移入分液漏斗中,用乙醚分三次(12 mL、7 mL、5 mL)萃取,合并萃取液,加 1 g 无水硫酸镁干燥后(静置 20 min)过滤,滤液进行水浴蒸馏除去乙醚,然后蒸馏,收集 169~172 ℃ 的呋喃甲醇馏分。

经乙醚萃取后的水溶液(主要含呋喃甲酸钠)用 1∶1 盐酸酸化至 pH=3,则析出结晶[5]。充分冷却后,过滤,用少量水洗涤。粗产品用约 15 mL 热水溶解,加适量活性炭,煮沸 5~10 min,趁热过滤,滤液尽快倒出,冷却即有白色针状晶体析出。抽滤,干燥(<85 ℃)[6]。

呋喃甲醇的沸点为 171 ℃,折光率 n_D^{20} 为 1.4869;呋喃甲酸的熔点为 133~134 ℃。

五、注解和实验指导

[1]由反应机理可知,歧化反应速度是由产生氧负离子这一步决定的,适当提高碱的浓度可以加速歧化反应,而碱的浓度升高则黏度增大,搅拌困难。采用反加法,即呋喃甲醛加到氢氧化钠溶液中,反应较易控制,产率则与顺加法相同。

[2]呋喃甲醛存放久易变棕褐色甚至黑色,同时往往含有水分。因此,使用前需蒸馏提纯,收集155～162 ℃的馏分。新蒸馏呋喃甲醛为无色或淡黄色液体。

[3]反应开始后很剧烈,同时放出大量的热,溶液颜色变暗。若反应温度高于12 ℃,则反应温度极易升高,难以控制,致使反应物呈深红色。若低于8 ℃,则反应速度过慢,一旦发生反应,反应就会过于猛烈而使温度升高,最终也使反应物变成深红色。

[4]在反应过程中会有许多呋喃甲酸钠析出,加水溶解,可使奶油黄色的浆状物转为酒红色透明状的溶液,但若加水过多会损失一部分产品。

[5]酸量要加足,保证pH＝3,使呋喃甲酸充分游离出来,这是影响呋喃甲酸收率的关键。

[6]从水中得到的呋喃甲酸呈叶状体,100 ℃时有部分升华,故呋喃甲酸应置于80～85 ℃的烘箱慢慢烘干或自然晾干。

六、思考题

1. 为什么要使用新鲜的呋喃甲醛?
2. 酸化这一步为什么是影响产物呋喃甲酸收率的关键?

4-11　苯甲酸的制备

一、实验目的

1. 熟悉制备苯甲酸的原理及方法。
2. 掌握回流、减压过滤等操作技术。

二、实验原理

苯甲酸俗称安息香酸,因最初是由安息香胶制得而得名。苯甲酸可用作防腐剂,也可用于制作杀菌剂、媒染剂、增塑剂、香料等。

制备芳香族羧酸的一个简便方法是将烷基芳族化合物氧化。在本实验中,用碱性KMnO$_4$将甲苯氧化成苯甲酸盐,再酸化得苯甲酸。反应如下:

$$\text{CH}_3-\text{C}_6\text{H}_5 + 2\text{KMnO}_4 \longrightarrow \text{COOK}-\text{C}_6\text{H}_5 + \text{KOH} + 2\text{MnO}_2 + \text{H}_2\text{O}$$

$$\text{COOK}-\text{C}_6\text{H}_5 + \text{HCl} \longrightarrow \text{COOH}-\text{C}_6\text{H}_5 + \text{KCl}$$

三、仪器与试剂

【仪器】250 mL 圆底烧瓶,球形冷凝管,电热套,布氏漏斗,抽滤装置。

【试剂】甲苯,高锰酸钾,Na_2CO_3,10% HCl 溶液,$NaHSO_3$,0.05 mol · L^{-1} NaOH 溶液,酚酞指示剂,活性炭,沸石。

四、实验步骤

1. 苯甲酸的合成

在 250 mL 圆底烧瓶中加入 8.5 g $KMnO_4$、1 g Na_2CO_3 和 100 mL 水,小火加热混合物约 5 min。稍冷,加入 2.7 mL 甲苯和 2 粒沸石,烧瓶上连接球形冷凝管,加热回流并间歇摇动烧瓶[1],直到甲苯层几乎消失、回流液不再出现油珠(需 1～2 h)。将反应混合物趁热减压过滤[2],用少量热水洗涤二氧化锰滤渣。合并滤液和洗涤液,放在冰水浴冷却,用 10% 的 HCl(50～60 mL)酸化,再少量分批加入固体 $NaHSO_3$(5～7 g)至溶液褪色,缓慢冷却滤液,至苯甲酸结晶析出完全。减压抽滤析出的苯甲酸,用少量冷水洗涤苯甲酸结晶,干燥,称重,即得苯甲酸,计算产率。

若产品不够纯净,可用热水重结晶,必要时加少量活性炭脱色。

苯甲酸为白色片状或针状晶体,熔点为 122.4 ℃。

2. 苯甲酸纯度测定

精确称取本实验所得苯甲酸 0.10～0.15 g(准确至 ± 0.0002 g)于 250 mL 锥形瓶中,加 50 mL 水,加热使其溶解,加入 2 滴酚酞指示剂,用 0.05 mol · L^{-1} NaOH 标准溶液滴定至粉红色,记下读数,计算含量。重复两次,误差应不超过 0.4%。

五、注解和实验指导

[1]非均相反应应摇动装置,使反应充分。

［2］反应结束要趁热过滤。

六、思考题

1. 加 HCl 酸化时,有什么现象出现? 为什么? 在加 HCl 时,应注意什么?

2. 反应完毕,为什么要加 $NaHSO_3$? 重结晶时,加水量应如何控制?

4-12　乙酰水杨酸的制备

一、实验目的

1. 学习酰化反应的原理和实验操作方法。
2. 巩固重结晶、抽滤等基本操作。

二、实验原理

阿司匹林(aspirin)学名为乙酰水杨酸,是一种具有解热、镇痛、治疗感冒、预防心血管疾病等多种疗效的药物。其人工合成已有百年历史,由于它价格低廉,疗效显著,且防治疾病范围广,因此至今仍被广泛使用。最常用的制备方法是将水杨酸与乙酸酐作用,通过乙酰化反应,使水杨酸分子中酚羟基被乙酰化,生成乙酰水杨酸。为了加速反应的进行,通常加入少量的浓硫酸作为催化剂,其作用是破坏水杨酸分子中羧基与酚羟基间形成的氢键,从而使酰化反应较易完成。

主反应:

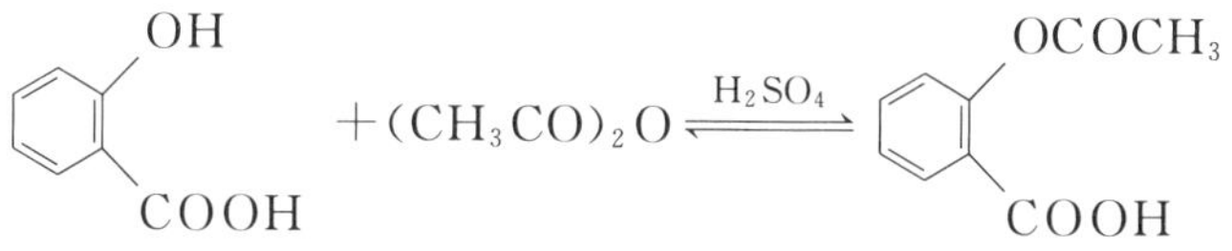

由于水杨酸是一个双官能团化合物,一个官能团为酚羟基,另一个是羧基,因此可以形成少量的高聚物。产物乙酰水杨酸由于分子中具有一个羧基,因此可以与碱反应生成盐,从而溶于水,而副产物无羧基,因此本实验后处理时用饱和碳酸氢钠溶液将乙酰水杨酸变为钠盐,利用高聚物不溶于水的性质,通过过滤即可分离。分离后的乙酰水杨酸钠盐水溶液通过盐酸酸化,即可得

到产物乙酰水杨酸。

副反应：

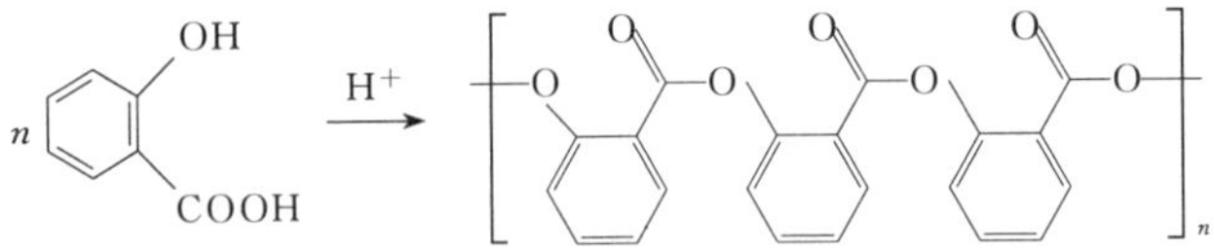

反应生成的粗制乙酰水杨酸含有未反应的水杨酸,本实验采用醇水混合溶剂进行重结晶提纯,以除去水杨酸及有关杂质。

三、仪器和试剂

【仪器】100 mL 圆底烧瓶,球形冷凝管,恒温磁力水浴锅,玻璃棒,100 mL 烧杯,布氏漏斗,抽滤装置,层析缸,试管若干,紫外灯,镊子

【试剂】水杨酸,乙酸酐,浓硫酸,95%乙醇,0.1%三氯化铁溶液,展开剂 ($V_{石油醚}$：$V_{乙酸乙酯}$：$V_{乙酸}$＝20：5：2),水杨酸标准对照液,乙酰水杨酸标准对照液,饱和碳酸氢钠水溶液,20%盐酸。主要试剂及产物的物理常数见表 4-12-1。

表 4-12-1 主要试剂及主要产物的物理常数

有机物	相对分子质量	熔点或沸点/℃	水	醇	醚
水杨酸	138	熔点 158(s)	微	易	易
乙酸酐	102.09	沸点 139.35(l)	易	溶	∞
乙酰水杨酸	180.17	熔点 136(s)	溶、热	溶	微

四、实验步骤

1. 乙酰水杨酸的粗制[1]

在 100 mL 干燥的圆底烧瓶中,加入 9.5 g 水杨酸和 18 mL 乙酸酐,然后加入 10 滴浓硫酸[2]及 2 粒沸石,充分摇动,套上球形冷管,在 80～85 ℃水浴中加热反应 20 min[3]。将产品倒入 75 mL 蒸馏水中,并用冰水冷却,至白色结晶充分析出。抽滤,并用少量蒸馏水洗涤滤饼,抽干,即得粗制的乙酰水杨酸。

2. 乙酰水杨酸的纯化

将粗制的乙酰水杨酸放入干燥的 250 mL 烧杯中,加入饱和碳酸氢钠水

溶液,边加边搅拌,直到不再有二氧化碳产生为止。抽滤,除去不溶性聚合物,将滤液倒入 250 mL 烧杯中,并置于冰水浴中,滴加 20％盐酸溶液,边加边搅拌,调节 pH 3～4,使固体析出完全。抽滤,用少量冰水洗涤滤饼,抽干后称重。

将上一步产品放入干燥的 100 mL 烧杯中,加入 10 mL 95％乙醇,水浴加热溶解后,再加入 30 mL 水,自然冷却到室温,再用冰水浴充分冷却,使结晶析出完全。抽滤,用少量冰水洗涤滤饼,抽干,即得纯化的乙酰水杨酸。干燥称重,计算产率。

乙酰水杨酸为白色针状晶体,熔点为 135～136 ℃。

3. 三氯化铁的显色鉴定

在 2 个干净的试管中分别加入少量水杨酸及产品(乙酰水杨酸),每个试管均加入 1 mL 95％乙醇使样品溶解后,再加 0.1％三氯化铁溶液 1～2 滴,观察 2 个试管中液体的颜色变化,鉴定产品中是否含有未反应的水杨酸[4]。

4. 薄层色谱分析

(1)取展开剂($V_{石油醚}$：$V_{乙酸乙酯}$：$V_{乙酸}$＝20：5：2)适量(约 5 mL)倒入层析缸中,盖上瓶盖,轻轻摇动几次,静置 2 min,使展开瓶内充满饱和展开剂蒸气。

(2)取少量产品溶于 1 mL 95％乙醇溶液中,产品溶液及水杨酸、乙酰水杨酸标准对照液分别点在薄层色谱板的同一条线上,在展开剂中展开,待溶剂接近到色谱板上端时,用镊子夹出色谱板。待溶剂挥发干后,置于紫外灯254 nm 下观察色点并标记。

五、注解和实验指导

[1]本反应仪器要全部干燥。

[2]乙酸酐和浓硫酸具有很强的腐蚀性,使用时必须小心,如溅到皮肤上,应立即用水冲洗。

[3]本实验中要注意控制好温度(水温低于 90 ℃),否则将增加副产物的生成,如水杨酰水杨酸、乙酰水杨酰水杨酸、乙酰水杨酸酐等。

[4]可利用酚羟基与三氯化铁反应生成深紫色溶液来判断反应是否完全,水杨酸未反应完全呈现紫色,水杨酸完全消耗完后则不会出现颜色变化。

六、思考题

1. 本实验使用的仪器为什么必须干燥?

2. 重结晶提纯的原理是什么？

3. 水杨酸的乙酰化比一般的醇或酚更难还是容易些，为什么？

4. 何谓酰化反应？常用的酰化剂有哪些？

5. 通过什么样的简便方法可以鉴定出阿司匹林是否变质？

4-13 水溶性维生素 K_3 的制备

一、实验目的

1. 了解亚硫酸氢钠加成物在药物结构修饰中的作用和维生素 K_3 的制备方法。

2. 掌握该反应的氧化和加成特点。

二、实验原理

β-甲基萘因 2 位甲基的超共轭效应，使甲基所在环的电子云密度较高，在温和条件下，可被铬酸（一般用三氧化铬的醋酸水溶液或重铬酸盐的稀硫酸溶液）氧化，形成甲萘醌。2,3 双键再与亚硫酸氢钠加成，即得水溶性维生素 K_3。

三、仪器与试剂

【仪器】150 mL 三颈瓶，球形冷凝管，恒温磁力搅拌水浴锅，布氏漏斗，抽滤装置，100 mL 双颈瓶，烧杯（100 mL、500 mL 各一个），100 mL 锥形瓶，搅拌子。

【试剂】β-甲基萘，丙酮，浓硫酸，重铬酸钾，亚硫酸氢钠，95% 乙醇，活性炭。

四、实验步骤

1. 甲萘醌的制备

恒温磁力搅拌水浴锅中,在装有冷凝管及温度计的 150 mL 三颈瓶中,加入搅拌子,再加入 β-甲基萘 7 g、丙酮 18 mL,搅拌至溶解。加入 45 mL 水,23 mL 浓硫酸分 3~4 次加入三颈瓶中,冷水冷却至室温。搅拌下将 36 g 重铬酸钾固体少量多次加入至反应瓶中[1],控制体系温度不超过 40 ℃。

加完后,于 40 ℃反应 30 min,然后将水浴温度升至 60 ℃反应 1 h。搅拌下趁热将反应物倒入 300 mL 冰水中,使甲萘醌完全析出,过滤,结晶用冰水洗涤,抽干备用。

2. 水溶性维生素 K_3 的制备

恒温磁力水浴锅中,在装有冷凝管的 100 mL 双颈瓶中加入亚硫酸氢钠 4.5 g,加 4 mL 水溶解后,加入甲萘醌湿品,38~40 ℃下搅拌均匀,再加入 95%乙醇[2]11.5 mL,搅拌反应 50 min。产品转移至烧杯,冰盐浴下冷却使结晶析出,过滤,结晶用少许冷 95%乙醇洗涤,抽干,得水溶性维生素 K_3 粗品。

3. 精制

粗品放入锥形瓶中,加 4 倍量 95%乙醇及 0.7 g 亚硫酸氢钠,在 70 ℃以下溶解,加入粗品量 1.5%的活性炭。水浴 68~70 ℃保温脱色 15 min,趁热过滤,滤液冷至 10 ℃以下,析出结晶,过滤,结晶用少量冷乙醇洗涤,抽干,干燥,得水溶性维生素 K_3 纯品。水溶性维生素 K_3 的熔点是 105~107 ℃。

五、注解和实验指导

[1]重铬酸钾固体时,需缓慢加入以控制体系温度,投料过程约 30 min。
[2]乙醇的加入,可增加甲萘醌的溶解度,以利反应进行。

六、思考题

1. 氧化反应中为何要控制反应温度,温度高了对产品有何影响?
2. 本反应中硫酸与重铬酸钠属哪种类型的氧化剂?药物合成中常用的氧化剂有哪些?

4-14 巴比妥酸的制备

一、实验目的

1. 通过巴比妥酸的制备了解药物合成的基本过程。
2. 掌握无水操作技术。

二、实验原理

巴比妥酸又称丙二酰脲,化学名为嘧啶-2,4,6-三酮,可用作分析试剂、有机合成原料、塑料和染料的中间体、聚合反应的催化剂。丙二酰脲亚甲基上两个氢原子被烃基取代后的若干衍生物,称为巴比妥类药物,是一大类作用于中枢神经系统的镇静剂,其作用范围可以从轻度镇静到完全麻醉,还可以用作抗焦虑药、安眠药、抗痉挛药。长期作用会导致成瘾性。巴比妥酸盐的代表药物有阿洛巴比妥、异戊巴比妥、阿普比妥、苯巴比妥等。例如,苯巴比妥主要用于镇静催眠、抗惊厥、抗癫痫、麻醉前给药,也可以用于治疗新生儿高胆红素血症。该类药物可以出现头晕、倦怠等后遗效应,少数患者可有皮疹、药物热、剥脱性皮炎等过敏反应,严重肝肾功能不全、支气管哮喘、呼吸抑制患者禁用。

Adolph von Baeyer 于 1864 年报道可由丙二酸二乙酯与尿素在乙醇钠催化下发生缩合反应而得。利用丙二酸二乙酯或取代丙二酸酯与尿素或硫脲反应,可生成一系列巴比妥酸类的嘧啶衍生物。

$$\begin{array}{c}\text{COOC}_2\text{H}_5\\\text{COOC}_2\text{H}_5\end{array} + \begin{array}{c}\text{O}\\\text{H}_2\text{N} \quad \text{NH}_2\end{array} \xrightarrow{\text{NaOEt}} \quad \rightleftharpoons$$

$$+$$

$$\text{C}_2\text{H}_5\text{OH}$$

三、仪器与试剂

【仪器】250 mL 圆底烧瓶,球形冷凝管,氯化钙干燥管,电热套,蒸馏装置,试管,恒温磁力搅拌水浴锅,恒压滴液漏斗,布氏漏斗,抽滤装置,250 mL烧杯,150 mL锥形瓶,搅拌子。

【试剂】无水乙醇,金属钠,邻苯二甲酸二乙酯,无水硫酸铜,丙二酸二乙酯,尿素,稀盐酸(盐酸∶水＝1∶1),活性炭。

四、实验步骤

1. 绝对乙醇的制备

在装有球形冷凝器(顶端附无水氯化钙干燥管)的 250 mL 圆底烧瓶[1]中加入无水乙醇 180 mL[2]、金属钠 2 g[3],加几粒沸石,加热回流 30 min,加入邻苯二甲酸二乙酯 6 mL[4],再回流 10 min。将回流装置改为蒸馏装置,蒸去前馏分。用干燥圆底烧瓶作接收器,蒸馏至几乎无液滴流出为止。量其体积,计算回收率,密封贮存。

检验乙醇是否有水分,常用的方法是:取一支干燥试管,加入制得的绝对乙醇 1 mL,随即加入少量无水硫酸铜粉末。如乙醇中含水分,则无水硫酸铜变为蓝色硫酸铜。

2. 巴比妥酸的制备

恒温磁力搅拌水浴锅中,在装有滴液漏斗及球形冷凝管(顶端附有无水氯化钙干燥管)的 250 mL 干燥三颈烧瓶中,加入 60 mL 绝对无水乙醇及搅拌子。搅拌下加入 3.0 g 切成小块的金属钠[5],待其全部溶解后,再加入 16.0 g丙二酸二乙酯[6],搅拌反应。取 6.0 g 干燥过的尿素[7]和 40 mL 绝对无水乙醇加入恒压滴液漏斗中,慢慢加入尿素和乙醇所配溶液,搅拌下回流 2.5 h。反应物冷却后为黏稠的白色半固体物。加入 80 mL 热水溶解转移至 250 mL烧杯中,再用盐酸酸化调节 pH≈3,得澄清溶液,过滤除去不溶性杂质。滤液冷至室温,再用冰水冷却充分结晶,过滤,用少量冰水洗涤两次,得粗品。

3. 精制

粗品称重,置于 150 mL 锥形瓶中,用水(16 mL/g)加热使溶解,加入活性炭少许,脱色 15 min,趁热抽滤,滤液冷至室温,析出白色结晶,抽滤,水洗,烘干,计算收率。

五、注解和实验指导

[1]本实验中所用仪器均需彻底干燥。由于无水乙醇有很强的吸水性,故

— 131 —

操作及存放时,必须防止水分侵入。

[2]制备绝对乙醇所用的无水乙醇,水分不能超过 0.5%,否则反应相当困难。

[3]取用金属钠时需用镊子,先用滤纸吸去沾附的油后,用小刀切去表面的氧化层,再切成小条。切下来的钠屑应放回原瓶中,切勿与滤纸一起投入废物缸内,并严禁金属钠与水接触,以免引起燃烧爆炸事故。

[4]加入邻苯二甲酸二乙酯的目的是利用它和氢氧化钠进行如下反应:

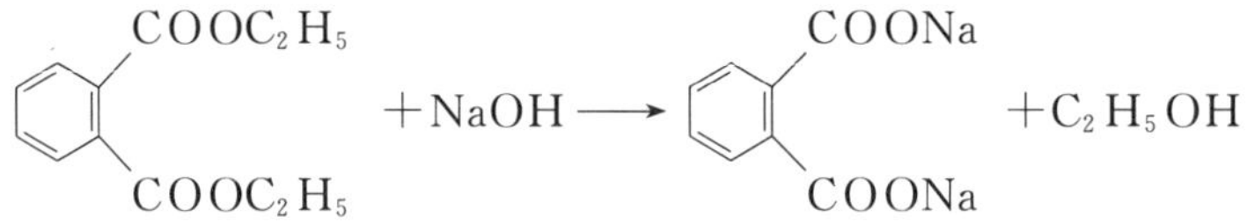

[5]金属钠可与醇顺利发生反应,故金属钠不需要切得太小,以免暴露太多的表面,在空气中迅速吸水转化为氢氧化钠而使丙二酸二乙酯分解。

[6]实验中需保证丙二酸二乙酯的质量,如纯度不高,需要先减压蒸馏纯化。

[7]尿素需在 60 ℃干燥 4 h。

六、思考题

1. 制备无水试剂时应注意什么问题?为什么在加热回流和蒸馏时冷凝管的顶端和接收器支管上要装氯化钙干燥管?

2. 金属钠与乙醇反应较剧烈,同时放出氢气,如何控制反应速率?

3. 工业上怎样制备无水乙醇(99.5%)?

4-15 苯佐卡因的制备

一、实验目的

1. 学习酯化反应的特点并掌握促进反应进行的一般方法。
2. 了解并掌握还原反应的常用方法及特点。

二、实验原理

对氨基苯甲酸乙酯俗称为苯佐卡因(benzocaine),可用作局部麻醉剂或止痛剂。最早的局部麻醉剂是从南美洲野生的古柯灌木植物的叶子中提取出来的一种生物碱——古柯生物碱，又叫可卡因（cocaine）。1862 年 Niemann 首次分离出纯古柯碱，并发现古柯碱有苦味，且能使舌头产生麻木感。1880 年 von Anrep 发现皮下注射古柯碱后，可使皮肤麻木，连扎针也无感觉，进一步的研究使人们逐渐认识到古柯碱的麻醉作用，并很快在牙科手术和外科手术中将其用作局部麻醉剂，但古柯碱有严重的副作用，如在眼科手术中会使瞳孔放大，容易上瘾，对中枢神经系统也有危险的作用等。在弄清了古柯碱的结构和药理作用之后，人们合成和试验了数百种局部麻醉剂，开始寻找它的代用品。代用品多为羧酸酯类，这种合成品作用更强，副作用较小，较为安全，苯佐卡因就是其中之一。苯佐卡因和普鲁卡因是在 1904 年前后发现的，已经发现的有活性的这类药物均有以下共同的结构特征：分子的一端是芳环（A 部），另一端则是仲胺或叔胺（C 部），两个结构单元之间是 1～4 个原子的中间链（B 部）。苯环部分通常为芳香酸酯，它与麻醉剂在人体内的解毒有着密切的关系；氨基有助于使此类化合物形成溶于水的盐酸盐以制成注射液。

局部麻醉剂苯佐卡因是一种白色的晶体粉末，制成散剂或软膏用于疮面溃疡的止痛。本实验苯佐卡因的合成是由对硝基苯甲酸经乙酯化后再还原而得。

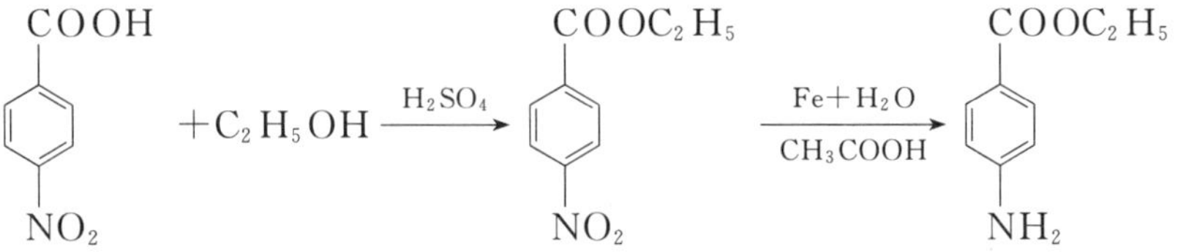

三、仪器和试剂

【仪器】250 mL 圆底烧瓶,回流冷凝管,电热套,蒸馏装置,布氏漏斗,抽滤装置,量筒。

【试剂】对硝基苯甲酸,无水乙醇,浓硫酸,5%碳酸钠溶液,铁粉,冰醋酸,95%乙醇,10%碳酸钠溶液。

四、实验步骤

1. 酯化

在 250 mL 圆底烧瓶中依次加入对硝基苯甲酸 8 g、无水乙醇 40 mL 和浓硫酸 3 mL,加入沸石,装上回流冷凝管,在电热套上加热回流 1.5 h,接着常压蒸馏出部分乙醇(约 15 mL)。搅拌下趁热将反应液倒入 120 mL 冷水中,析出白色沉淀,抽滤后水洗。将滤饼转移到烧杯中,加入 10 mL 5%碳酸钠溶液,搅拌除去未反应的对硝基苯甲酸,抽滤后水洗干燥,得到对硝基苯甲酸乙酯。对硝基苯甲酸乙酯为白色颗粒状晶体,熔点为 57 ℃。

2. 还原

在 250 mL 圆底烧瓶中加入 12 g 铁粉、2.5 mL 冰醋酸及 40 mL 95%乙醇,水浴加热回流 10 min。加入 4 g 对硝基苯甲酸乙酯加热回流 1.5 h,将热的反应物慢慢加入 30 mL 温热的 10%碳酸钠溶液中,并边加边搅拌。趁热迅速抽滤,于滤液中加适量的冰水,析出产品。冷却使结晶完全,抽滤,干燥称重。

苯佐卡因为白色结晶粉末,熔点为 88~90 ℃。

五、思考题

1. 酯化反应有何特点? 如何促使反应进行完全?

2. 本反应中浓硫酸的作用是什么?

3. 反应中为什么用冰醋酸而不用盐酸?

4. 还原反应中加入 95％乙醇起溶剂作用,用它有什么益处?

5. 产品的分离原理是什么?

4-16　扑热息痛的制备

一、实验目的

1. 掌握用铁粉还原硝基成氨基的操作技术。
2. 掌握酰化反应的原理和分馏柱的作用及操作。

二、实验原理

扑热息痛又称醋氨酚(acetaminophen),是常用的解热镇痛药,临床上用于发热、头痛、风湿痛、神经痛及痛经等,解热镇痛效果与阿司匹林相当,但无抗炎抗风湿作用。对阿司匹林有过敏的患者,对扑热息痛有良好的耐受性,是常用作感冒药物的复方成分之一。另外,扑热息痛还是合成解热镇痛药物非那西丁的重要中间体。

扑热息痛化学名是 N-(4-羟基苯基)-乙酰胺〔N-(4-hydroxyphenyl)-acetamide〕。本品为白色结晶或结晶性粉末,易溶于热水或乙醇,溶于丙酮,略溶于水。合成路线如下:

$$NaO\text{—}\underset{}{\bigcirc}\text{—}NO_2 \xrightarrow{HCl} HO\text{—}\bigcirc\text{—}NO_2 \xrightarrow{Fe/HCl} HO\text{—}\bigcirc\text{—}NH_2$$

$$\xrightarrow{CH_3COOH} HO\text{—}\bigcirc\text{—}NHCOCH_3$$

对氨基苯酚的酰化剂可采用醋酐或醋酸。但醋酐的价格较贵,生产成本较高,本实验采用冰醋酸为酰化剂。

三、仪器与试剂

【仪器】100 mL 圆底烧瓶,电热套,球形冷凝管,抽滤装置,布氏漏斗,100 mL 烧杯,刺形分馏柱,蒸馏装置。

【试剂】浓盐酸,对硝基苯酚钠,铁粉,碳酸钠,亚硫酸氢钠,冰醋酸,活性炭。

四、实验步骤

1. 对氨基苯酚的制备

100 mL 圆底烧瓶中加入浓盐酸 25.2 g、对硝基苯酚钠 49.0 g，先在电热套上微热，并适当振摇，当黄色的对硝基苯酚钠消失后，适当加大功率，加热至沸腾，回流 40 min（终点油状物应呈褐色，如果仍有黄色，补加盐酸），停止加热。在振摇下倾入 30 mL 冷水中，边倒边搅拌（避免结块），并用水浴冷却至 20 ℃ 以下，抽滤，滤饼用少量水洗涤，抽干，压实，干燥，得对硝基苯酚。

在 100 mL 烧杯中加水 20 mL，加热至 60 ℃ 以上，加入铁粉 5.5 g、浓盐酸 1 mL，搅拌，升温，在 95 ℃ 反应 5 min，制得氯化亚铁。撤去热源，立即加入大约 1/3 量的对硝基苯酚，快速剧烈搅拌，反应放出大量的热，会使反应液剧烈沸腾，此时温度已自行上升至 102～103 ℃。如果反应过于激烈，一旦出现冲料现象，应立即加入少量冷水，以控制反应，避免冲料。但加入的水量不宜过多，必须保持反应液始终处于沸腾状态。继续不断地搅拌，待反应缓和后，用玻璃棒蘸取反应液点在滤纸上，观察黄色圈颜色的深浅，以确定反应程度。待黄色褪去后，再继续分次加料。将剩余的对硝基苯酚分 3 次加入，根据反应程度，随时补加铁粉。若黄色圈不褪，再搅拌一段时间，如仍不褪，则应补加铁粉。当对硝基苯酚全部加完，检测已无黄色圈时，再煮沸搅拌 5 min。慢慢分次少量加入粉状碳酸钠 6 g 左右[1]，调节 pH 6～7[2]，中和完毕，加入沸水，使反应液总体积达到 100 mL 左右，加热煮沸，将 0.5 g 亚硫酸氢钠放入抽滤瓶中[3]，趁热抽滤。滤液冷却析出结晶，抽滤，水洗，抽干，得对氨基苯酚粗品[4]。

以每克粗品用水 15 mL 的量进行重结晶，每加入 10 mL 水，需加入 0.1 g 亚硫酸氢钠，加热溶解，稍冷，加入适量活性炭，加热脱色 5 min，趁热抽滤，冷却，析晶，抽滤。滤饼用 1% 亚硫酸氢钠溶液洗涤两次，抽干，再用冷水洗涤两次，抽干，得对氨基苯酚精品。熔点为 183～184 ℃（分解）。

2. 对乙酰氨基苯酚的制备

100 mL 圆底烧瓶中加入 10.9 g 对氨基苯酚、14 mL 冰醋酸，装一短的刺形分馏柱，其上端装一温度计，支管依次连接冷凝管、尾接管及接收器，接收器外部用冷水浴冷却。

将圆底烧瓶用电热套加热，使反应物保持微沸状态回流 15 min，然后逐渐升高温度,当温度计读数达到 90 ℃ 左右时,支管即有液体流出。维持温度在 90~100 ℃ 之间反应约 0.5 h,生成的水及大部分醋酸已被蒸出,此时温度计读数下降,表示反应已经完成。在搅拌下趁热将反应物倒入 40 mL 冰水中,有白色固体析出,冷却后抽滤。于 100 mL 锥形瓶中加入粗品和 0.5 g 亚硫酸钠,每克粗品用 5 mL 纯水加热使溶解,稍冷后加入粗品重量的 1%~2% 活性炭,脱色 10 min,趁热过滤,冷却,析出结晶,抽滤,干燥。熔点为 168~172 ℃。

五、注解和实验指导

[1]碳酸钠应分次少量地加,以防暴沸导致冲料。

[2]加入碳酸钠调节 pH 值应精确,过高或过低都可使对氨基苯酚成盐,使溶解度增加,影响产量。

[3]加入亚硫酸氢钠的目的是防止对氨基苯酚的氧化,但量不可过多。

[4]对氨基苯酚的质量是影响产品对乙酰氨基苯酚质量和产量的关键,要求其外观是白色或微黄色的颗粒状结晶。

六、思考题

1. 用醋酐作酰化试剂与醋酸作酰化试剂有什么区别? 反应中有什么副反应发生?

2. 实验中分馏柱的作用是什么?

3. 反应时为什么要控制分馏柱上端的温度在 90~100 ℃ 之间?

4. 根据理论计算,反应完成时应产生几毫升水? 为什么实际收集的液体远多于理论量?

4-17 微波辐射合成苯并咪唑-2-硫

一、实验目的

1. 学习绿色化学的概念,学习微波催化反应的实验操作。

2. 巩固重结晶操作。

二、实验原理

苯并咪唑及其衍生物具有广泛的生物活性,在高性能复合材料、金属防腐蚀、感光材料、生物医药等诸多领域显示出独特的性能。传统合成方法通常需要较高的压力或较长的反应时间,使其应用受到了一定的限制,本实验用多聚磷酸(PPA)作催化剂,在无溶剂条件下,采用微波辐射法来合成苯并咪唑-2-硫。微波合成操作简便,反应时间短且污染少,符合绿色化学的要求。反应式如下:

三、仪器与试剂

【仪器】150 mL 的烧杯,量筒,分液漏斗,抽滤装置,普通漏斗,布氏漏斗,天平。

【试剂】邻苯二胺,硫脲,多聚磷酸,1 mol·L^{-1}氢氧化钠溶液,无水乙醇,活性炭。

四、实验步骤

在 150 mL 的烧杯中加入 2.2 g(20 mmol)邻苯二胺、3 g(40 mmol)硫脲,然后加入 10 mL 多聚磷酸,搅拌均匀后放入微波炉内,先在 126 W 微波功率下照射 2 min,待反应物充分溶解后,再间歇式照射 1～3 次,每次 2 min[1]。将反应液冷却至室温后倒入 30 mL 冰水中,用 1 mol·L^{-1} NaOH 溶液调节 pH=10,冰水冷却,抽滤,少量冰水洗涤,抽干,固体用体积浓度为 70% 的乙醇重结晶,干燥得到目标产物,称重,计算产率。所得产物测熔点并进行红外光谱分析[2]。苯并咪唑-2-硫的熔点为 308～310 ℃。

五、注解和实验指导

[1]本实验的主要影响因素的影响作用大小依次为:微波功率＞催化剂用量＞反应的配比＞反应的时间。最优化工艺条件为:邻苯二胺与硫脲的物质

的量比为 1∶2,微波功率为 126 W,照射时间为 6 min。

[2]目标产物苯并咪唑-2-硫的红外谱图分析:3144 cm^{-1} 和 3107 cm^{-1} 附近的强尖峰是胺的 N—H;1675 cm^{-1} 处的小尖峰是伯胺的 N—H 的弯曲振动峰;1624 cm^{-1}、1513 cm^{-1}、1462 cm^{-1} 处的一组峰是苯环的骨架伸缩振动峰;1267 cm^{-1} 处的尖峰为胺的 C—N 键伸缩振动峰;1179 cm^{-1} 处的尖峰为 C=S 的伸缩振动峰;738 cm^{-1} 处强吸收尖峰说明产物有苯环邻二取代的结构;659 cm^{-1} 处的尖峰为芳环=C—H 的面外弯曲振动吸收峰。

六、思考题

请介绍微波加热促进反应的原理。

4-18　超声波辐射合成三苯甲醇

一、实验目的

1. 学习用超声波辐射法进行有机合成的原理,掌握利用超声波辐射法合成 Grignard 试剂及三苯甲醇的方法。

2. 了解 Grignard 试剂的制备、应用和 Grignard 反应进行的条件。

3. 掌握磁力搅拌器的使用方法,巩固回流、萃取、蒸馏(包括低沸点物的蒸馏)、重结晶等基本操作。

二、实验原理

20 世纪 80 年代以来,超声波辐射在有机化学合成中的应用研究迅速发展,超声波作为一种新的能量形式用于有机化学反应,已广泛用于取代、氧化、还原、缩合、水解等反应,几乎涉及有机反应的各个领域。研究认为超声波催化促进有机化学反应,是由于液体反应物在超声波作用下,产生无数微小空腔,空腔内产生瞬时的高温高压使反应速率加快,而且空腔内外压力悬殊,致使空腔迅速塌陷、破裂,产生极大的冲击力,起到激烈搅拌的作用,使反应物充分接触,从而提高反应效率。

与传统的合成方法相比,超声波辐射具有反应条件温和、反应时间短、产率高等特点,超声波能加速均相反应,也能加速非均相反应,特别是对金属参与下的异相反应影响更为显著。

超声波作用对 Grignard 反应有很好的促进作用,原因主要在于:①超声空化产生的冲击波和微射流造成了固体颗粒间的相互碰撞,从而改变了颗粒的表面和表面形态,使金属表面蚀变,氧化层脱落,使之保持较高的活性;②空化作用可以使金属粒度减小,促进反应的进行;③超声空化使金属有机化合物的金属与配体结合的键被破坏,形成更高活性的物质。

三苯甲醇是一种重要的化工原料和医药中间体,可用于合成三苯甲基醚、三苯基氯甲烷。三苯甲醇的合成主要是通过苯基溴化镁 Grignard 试剂与羰基化合物(如二苯甲酮或苯甲酸乙酯)反应,然后经水解而制得的。由于 Grignard 试剂的制备条件较为严格,既要保证反应体系无水,又要保证镁条表面清洁,往往造成实验失败概率较高。本实验采用超声波辐射合成技术,利用不经任何处理的无水乙醚作溶剂,制备了苯基溴化镁 Grignard 试剂,并通过不同的羰基化合物(二苯甲酮和苯甲酸乙酯)制备了三苯甲醇。该合成方法与经典方法相比较,具有反应条件温和、不需绝对无水溶剂、反应时间短、操作简便等优点。其反应式如下:

$$PhBr \xrightarrow[\text{超声波辐射}]{Mg,(CH_3CH_2)_2O} PhMgBr \xrightarrow[\text{超声波辐射}]{PhCOPh} Ph_3COMgBr \xrightarrow{H_3O^+} Ph_3COH$$

三、仪器与试剂

【仪器】250 mL 三颈烧瓶,恒压滴液漏斗,超声波清洗器,搅拌装置,布氏漏斗,抽滤装置。

【试剂】镁屑,无水乙醚,溴苯,碘,二苯甲酮,20%硫酸,石油醚,95%乙醇。

四、实验步骤

1. 苯基溴化镁的制备

在 250 mL 三颈烧瓶上安装回流冷凝管和恒压滴液漏斗,置于超声波清洗器中,清洗槽中加水。三颈瓶内加入 0.7 g 镁屑和 5 mL 无水乙醚(新开瓶的)[1],再自恒压滴液漏斗先滴入 2.7 mL 溴苯和 10 mL 无水乙醚的混合液约 1 mL。超声波辐射作用 1~2 min,停止超声波辐射[2],向反应瓶内加入一小粒碘晶体,反应即被引发,液体沸腾,碘的颜色逐渐消失。当反应缓慢时,开始滴加溴苯和无水乙醚的混合液,并适当间歇式进行超声波辐射作用,滴加完混合液体后(约 40 min),再继续超声波辐射作用 5 min 左右,以便反应完全。这样即得到了灰白色的苯基溴化镁 Grignard 试剂。

2. 二苯甲酮与苯基溴化镁的反应

向 Grignard 试剂的反应液中滴加 4.5 g 二苯甲酮和 13 mL 无水乙醚的混合液,在此期间,进行间歇式超声波辐射作用,并不时地补加无水乙醚溶剂。滴加完毕,再继续超声波辐射作用 10 min 左右,以使反应完全。注:进行以上超声波辐射作用时,清洗器中水温不得超过 25 ℃[3]。

撤去超声波清洗器,并将反应瓶置于冰水浴中,在电动磁力搅拌下,滴加 20%硫酸溶液,使加成物分解成三苯甲醇。然后分出醚层,水浴蒸馏,蒸去溶剂乙醚,剩余物中加入 10 mL 石油醚(90~120 ℃),电动搅拌约 10 min,此过程中有白色晶体析出,抽滤收集粗产品。用石油醚(90~120 ℃)-95%乙醇重结晶后,冷却、抽滤、干燥、称重、计算产率。

纯三苯甲醇为无色棱状晶体,熔点为 164.2 ℃。

五、注解和实验指导

[1]实验中所用的无水乙醚无须特殊处理,采用新开瓶的无水乙醚即可满足制备 Grignard 试剂的要求。实验中所用仪器必须充分干燥。

[2]保持卤代烃在反应液中局部高浓度,有利于引发反应,因而在反应初期不用超声波辐射振荡。但如果整个反应过程中保持高浓度卤代烃,则容易发生偶联副反应,反应式为:

$$RMgBr + RBr \longrightarrow R—R + MgBr_2$$

因此,反应开始后要保持超声波间歇式辐射,卤代烃的滴加速度也不宜过快。

[3]超声波辐射作用的过程中,清洗器中水温不得超过 25 ℃,否则超声空化效应减弱,产率降低,并且乙醚也易挥发。

六、思考题

1. 超声波辐射对 Grignard 反应有很好的促进作用,主要原因是什么?

2. 实验中为什么向三颈烧瓶中加入少量的碘?

3. 超声波辐射法合成三苯甲醇与其他方法相比有何优点?

4-19　环己烯的绿色合成

一、实验目的

1. 学习环己烯合成反应的实验操作,树立绿色化学理念。
2. 巩固盐析和蒸馏的操作。

二、实验原理

环己烯是一种用途十分广泛的精细化工产品,实验室通常是采用浓硫酸或浓磷酸脱水制备环己烯,但硫酸腐蚀性强,炭化严重,副产物多,收率不高,而且实验后产生的残渣和残液对环境也有很大影响。本实验采用"绿色催化剂"三氯化铁催化环己醇脱水制备环己烯。反应式如下:

$$\text{环己醇} \xrightarrow{\text{FeCl}_3} \text{环己烯} + \text{H}_2\text{O}$$

三、仪器与试剂

【仪器】100 ml 圆底烧瓶,刺形分馏柱,量筒,50 mL 锥形瓶,分液漏斗,普通蒸馏装置,普通漏斗,滤纸,温度计,沸石,电热套。

【试剂】环己醇,三氯化铁,饱和氯化钠溶液,无水氯化钙。

四、实验步骤

向 100 mL 圆底烧瓶中加入 30 mL(0.288 mol)环己醇和 4 g(0.0144 mol)FeCl$_3$·6H$_2$O 及 1~2 粒沸石,圆底烧瓶上接刺形分馏柱,柱顶装上一支 150 ℃的温度计,分馏柱支口依次接直形冷凝管、接引管和 50 mL 锥形瓶。开冷凝水,用电热套加热,同时开动磁力搅拌,边加热反应边蒸馏收集产物,控制馏出速度每 2~3 秒 1 滴(馏分为环己烯和水的混合液体),分馏柱顶部温度不超过 90 ℃[1],直到无馏分馏出(需 60~80 min),停止加热。

将馏出液倒入洁净的分液漏斗中,静置分出下面水层,油层用等体积的饱和氯化钠溶液洗涤,然后用适量的无水氯化钙干燥(静置 20 min),过滤。所得滤液转入干燥的圆底烧瓶中,水浴加热蒸馏,收集 81～83 ℃的馏分,称重,计算产率。

纯环己烯为无色液体,沸点为 83 ℃。

五、注解和实验指导

[1]环己醇和水形成共沸物的沸点为 97.8 ℃,应控制分馏柱顶部温度不超过 90 ℃,以免环己醇被蒸出。

六、思考题

1. 为什么要用刺形分馏柱?
2. 油层为什么要用饱和氯化钠溶液洗涤?

4-20　二苯甲酮的绿色合成

一、实验目的

1. 学习绿色化学的概念、微波反应的实验操作。
2. 巩固旋转蒸发和重结晶操作。

二、实验原理

二苯甲酮(benzophenone,BP)又名苯酮、二苯酮及苯甲酰苯,为白色有光泽的菱形晶体,有甜味,具有玫瑰香味,能升华,不溶于水,溶于乙醇、乙醚和氯仿。该品主要有两种晶态:α 型为棱形晶体,β 型为不稳定的单斜晶体,β 型晶体能自行转变为 α 型晶体。二苯甲酮是有机合成的重要中间体,广泛应用于有机涂料、医药、香料和杀虫剂的制造。作为光引发剂和紫外线吸收剂使用,可以制作光敏涂料及感光树脂板。医药工业中常用于生产双环己哌啶、苯甲托品氢溴酸盐和苯海拉明盐酸盐。在香料工业中常被用作定香剂,还作为许多香水和香精的原料。

二苯甲酮的合成方法主要有光气法、脱羧法、苯与四氯化碳缩合法、苯与苯甲酰氯缩合法和二苯甲烷(DPM)氧化法等。工业上一般以 DPM 经过硝酸氧化来生产二苯甲酮,由于使用浓硝酸作氧化剂,反应温度较高,且硝酸分解

生成大量的 NO_x，易造成环境污染。本实验以醋酸铁为催化剂，微波辐射下，采用"绿色氧化剂"H_2O_2氧化二苯甲烷制备二苯甲酮。H_2O_2提供一个氧，自身变成水，反应的后处理简单，可以很好地避免常规方法中氧化剂和催化剂带来的环境污染。反应式如下：

三、仪器与试剂

【仪器】100 mL 双颈烧瓶，量筒，分液漏斗，普通蒸馏装置（或旋转蒸发仪），布氏漏斗，抽滤装置。

【试剂】冰醋酸，乙醇，氢氧化钠，三氯化铁，二苯甲烷，H_2O_2［$\omega(H_2O_2)$为30％］，醋酸铁[1]，石油醚。

四、实验步骤

在 100 mL 双颈烧瓶中加入 0.51 g（3 mmol）二苯甲烷、15 mL H_2O_2（30％）和醋酸铁催化剂 0.067 g（1.2 mmol $Fe(OH)(OAc)_2$）及 30 mL 冰醋酸，烧瓶侧口插入热电偶，正口接上两通，使出口引致微波炉外，接上回流冷凝管。预设微波炉温度为 118 ℃，在微波辐射下回流反应 30～40 min，反应混合物过滤除去醋酸铁[2]。然后用旋转蒸发仪在减压下蒸出滤液中的溶剂，产物冷却后即得固体。粗产物可用石油醚（60～90 ℃）重结晶。干燥后称重，测熔点，计算产率。

纯二苯甲酮为白色晶体，熔点为 48.50 ℃。

五、注解和实验指导

[1]醋酸铁（$Fe(OH)(OAc)_2$)的制备：用略过量的 NaOH 配成 60％水溶液，然后与 $FeCl_3$ 反应得到 $Fe(OH)_3$ 沉淀，用蒸馏水反复洗涤后将 $Fe(OH)_3$ 加入略过量的醋酸（HOAc）溶液中，充分反应后将液体蒸出，对剩余固体进行真空干燥，得到 $Fe(OH)(OAc)_2$。

[2]双氧水氧化法中，不能使用明火，除了使用微波反应装置外，也可使用电热套或油浴加热。H_2O_2 的用量需要大大过量才能使收率较高。

六、思考题

为什么说 H_2O_2 是绿色氧化剂?

第五章　天然产物的提取及分离

5-1　从茶叶中提取咖啡因

一、实验目的

1. 学习从茶叶中提取、检验咖啡因的实验方法。
2. 巩固提取、蒸馏等基本操作。

二、实验原理

咖啡因(caffeine)又称咖啡碱,是茶叶中主要的生物碱,含量 1%～5%。它具有兴奋中枢神经系统、心脏,松弛平滑肌和利尿等作用,是止痛药复方阿司匹林 APC(即阿司匹林-非那西汀-咖啡因)的组分。咖啡因(1,3,7-三甲基-2,6-二氧嘌呤)的结构式如下:

咖啡因

咖啡因是弱碱性化合物,味苦,能溶于水、乙醇、氯仿。无水咖啡因的熔点为 238 ℃。含结晶水的咖啡因为无色针状结晶,在 100 ℃时失去结晶水且开始升华,120 ℃时升华显著,178 ℃时升华最快,可用升华法提纯咖啡因粗品。

在茶叶中,咖啡因常与有机酸、丹宁等结合成盐,而咖啡因盐可溶于水或醇中,因此从茶叶中提取咖啡因,可在索氏(Soxhlet)提取器中用乙醇连续提取,再经浓缩、中和、升华,得到咖啡因纯品。

三、仪器和试剂

【仪器】索氏提取器,蒸馏装置,蒸发皿,玻璃漏斗,滤纸。

【试剂】茶叶,95％乙醇,生石灰。

四、实验步骤

1. 从茶叶末中提取咖啡因

利用索氏提取器从茶叶中提取粗咖啡因。索氏提取器由烧瓶、提取筒、回流冷凝管 3 部分组成,如图 5-1-1 所示。称取 10 g 茶叶末以滤纸包成筒状(直径小于脂肪提取器套筒),放入脂肪提取器的套筒中[1],在 250 mL 的圆底烧瓶中加入 150 mL 95％乙醇,电热套加热。连续提取 50～60 min 后,待冷凝溶液刚刚虹吸下去时,立即停止加热[2]。然后改成蒸馏装置(如图 5-1-2 所示),添加沸石后常压蒸馏,回收提取液中的大部分乙醇(剩余约 10～15 mL 浓缩液)。

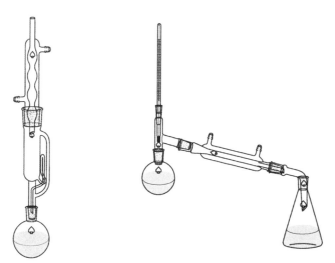

图 5-1-1　索氏提取器装置　　　　图 5-1-2　常压蒸馏装置

2. 咖啡因的纯化

将残液倒入蒸发皿中,用 3～5 mL 回收乙醇清洗烧瓶,也并入蒸发皿中,蒸气浴蒸发乙醇至溶液到黏稠态[3],如图 5-1-3,然后加入 4 g 研细的生石灰粉。在搅拌下用蒸气浴将乙醇基本蒸干,再在石棉网上用小火将固体慢慢焙炒至干,务必要使水分完全除去。尽量将沾在蒸发皿边上的粉末刮到蒸发皿中间,以免在升华时污染产物。取一只合适的玻璃漏斗,罩在隔以刺有许多小孔的滤纸的蒸发皿上,并在漏斗茎部塞一小团疏松的棉花。将蒸发皿放在石棉网上用小火小心加热升华,如图 5-1-4 所示。要适当控制火焰,尽可能使升华速度放慢,以提高结晶纯度和产量[4]。当发现滤纸出现浅棕色时,停止加热。冷却 5～10 min 后,轻轻揭开漏斗和滤纸,用小刀仔细收集附在滤纸两面及器皿周围的白色针状结晶。

图 5-1-3　浓缩残液

图 5-1-4　升华实验

3. 咖啡因的检验

(1)与钨硅酸试剂的反应:1 mL 咖啡因的乙醇溶液加 1～2 滴钨硅酸试剂。现象:出现浅黄色或灰白色沉淀。

(2)与碘化铋钾试剂的反应:1 mL 咖啡因乙醇溶液加入 1～2 滴碘化铋钾试剂。现象:生成浅黄色或红棕色沉淀。

五、注解和实验指导

[1]滤纸套直径要略小于脂肪提取器套筒,以方便取放,其高度不能超过虹吸管。滤纸包茶叶时应严紧,防止茶叶漏出堵塞虹吸管。纸套上面折成凹形,以保证回流液均匀浸润被萃取物。

[2]若提取液颜色很淡时,即可停止提取。

[3]本实验在蒸馏及蒸干乙醇的过程中,不可用酒精灯直接加热,需用水浴加热,并及时将蒸出的乙醇回收。

[4]升华过程中应严格控制加热温度,始终都用小火间接加热。温度太高会使滤纸炭化变黑,并有一些有色物烘出来,使产品不纯。

六、思考题

1. 索氏提取器的优点是什么？

2. 升华前为什么必须除尽水分？

3. 升华装置中,为什么要在蒸发皿上覆盖刺有小孔的滤纸？漏斗颈为什么要塞棉花？

4. 升华过程中,为什么必须严格控制温度？

5-2　八角茴香的水蒸气蒸馏及有效成分的鉴定

一、实验目的

1. 掌握水蒸气蒸馏的原理和实验操作技能。

2. 掌握薄层色谱的原理和实验操作技能。

3. 巩固液-液提取的操作方法。

二、实验原理

八角茴香正名为八角,内含黄酮类化合物及挥发油等。其中,茴香醛及茴香烯是与水不混溶的挥发性物质,可通过水蒸气蒸馏方法进行分离。由于其含量较少,直接使用分液漏斗进行两相分离存在一定困难,故采用乙酸乙酯萃取后再通过薄层色谱法对其成分进行鉴定。

茴香醛的结构式为 H_3CO—〈〉—CHO,无色或淡黄色液体,遇冷时能固化,有像栀子或类似山楂的香气。熔点 2.5 ℃,沸点 246～248 ℃,在水中溶解度为 0.3%,微溶于丙二醇、甘油,溶于大多数有机溶剂。

茴香烯的结构式为 H_3CO—〈〉—〜,白色晶体,23 ℃以上时为无色或极微黄色液体。有茴香香气和甜味。遇光、热、空气易变质。用 $KMnO_4$ 氧化,生成对大茴香酸(熔点 184 ℃)。凝固点 21～22 ℃,熔点 22.5～23 ℃,沸点 234 ℃。溶于乙醇和油类,微溶于水,混溶于氯仿和乙醚,几不溶于甘油和丙二醇。

薄层色谱可以用来分离、鉴别有机化合物。不同化合物的比移值(R_f)随吸附剂、展开剂、薄层厚度和均匀度及温度等不同而异,但在一定条件下每一种化合物的比移值都为一个特定的数值。故在相同条件下分别测定已知和未知化合物的比移值,再进行对照,即可对未知化合物鉴别。

$$R_f = \frac{色斑最高浓度中心至原点中心的距离}{展开剂前沿至原点中心的距离}$$

三、仪器与试剂

【仪器】250 mL 圆底烧瓶(长颈),250 mL 圆底烧瓶(短颈),水蒸气蒸馏装置,分液漏斗,层析缸,紫外灯,层析板。

【试剂】八角,乙酸乙酯,展开剂($V_{石油醚}:V_{乙酸乙酯}=5:1$)。

四、实验步骤

1. 八角茴香的水蒸气蒸馏

称取八角茴香 5 g(约 5 颗),研碎后加入 250 mL 长颈圆底烧瓶(B 瓶)中,安装水蒸气蒸馏装置[1](如图 2-8-1)。若进气口不能插到烧瓶底部,可加入适量热水(约 20 mL)。打开 T 形管的弹簧夹,加热水蒸气发生器(250 mL 短颈圆底烧瓶,A 瓶)至水沸腾,T 形管的支管口有大量水蒸气冒出时夹紧弹簧夹,使蒸气经导管通入烧瓶 B 中而进行蒸馏[2]。

收集馏出液 40~50 mL,停止蒸馏,蒸馏停止时应先打开 T 形管的螺旋夹或将蒸气发生瓶的瓶塞打开,然后关闭电热套开关。

2. 萃取

将馏出液加入分液漏斗,加入 10 mL 乙酸乙酯萃取,分离水层(下层),保留上层有机层。

3. 薄层色谱展开

(1)将适量展开剂($V_{石油醚}:V_{乙酸乙酯}=5:1$)(约 5 mL)倒入层析缸中,盖上瓶盖,轻轻摇动几次,静置 2 min,使展开瓶内充满饱和展开剂蒸气。

(2)点样:用铅笔在层析板距离上端 0.5 cm 画一条直线,在距离层析板下端 0.5 cm 处也画一直线(作为原点线),平行间隔画 3 个原点,分别设为 1、2、3;然后分别在 1、2 原点上点取标准样品 1 和标准样品 2,在 3 原点上点取分液漏斗上层提取液,待有机溶剂挥发。

(3)展开:用镊子夹住层析板上端轻放置于层析缸内(有机溶剂不能没过

原点),层析板上端靠在玻璃瓶壁上(见图 2-9-2)。待溶剂达到层析板上端线时,用镊子夹出层析板,待溶剂挥发干后,置于紫外灯 254 nm 光处,观察色点。用铅笔标出荧光点。

(4)计算 R_f 值:用直尺量取距离,计算各色点的比移值。与标准品对照,确认提取液中的成分。

标准品 1:茴香醛　H_3CO——⟨苯环⟩——CHO。

标准品 2:茴香烯　H_3CO——⟨苯环⟩——⟨=⟩。

五、注解和实验指导

[1]通过水蒸气发生器安全管中水面的高低,可以观察到整个水蒸气蒸馏系统是否畅通,若水面上升很高,则说明某一部分阻塞住了,这时应立即旋开弹簧夹,移去热源,拆下装置进行检查和处理。否则,就有可能发生塞子冲出、液体飞溅的危险。

[2]如由于水蒸气的冷凝而使 B 瓶内液体量增加,以致超过容积的2/3时,或者蒸馏速度不快时,可在 B 瓶下置一石棉网,小火加热。蒸馏速度控制在每秒 2～3 滴为宜。

六、思考题

1. 进行水蒸气蒸馏水时,蒸气导管的末端为什么要插到接近于容器的底部?

2. 水蒸气蒸馏过程中,经常要检查什么事项? 若安全管中水位很高,说明什么问题? 如何处理才能解决?

5-3　卵磷脂的提取及组成鉴定

一、实验目的

1. 学习从蛋黄中提取卵磷脂的实验方法。

2. 巩固抽滤等基本操作。

二、实验原理

卵磷脂存在于动物的各种组织细胞中,是天然的乳化剂和营养补品。磷脂可以降血脂,治疗脂肪肝、肝硬化,改善动脉血管壁的组成,缓解动脉硬化症。卵磷脂因首先从鸡蛋中提取出来而得名,蛋黄中卵磷脂含量较高,约8%。可根据它溶于乙醇、氯仿而不溶于丙酮的性质,从蛋黄中分离得到。卵磷脂的结构如下:

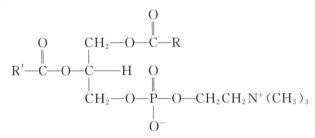

卵磷脂可在碱性溶液中加热水解,得到甘油、脂肪酸、磷酸和胆碱,可从水解液中检查出这些组分。其分离提取的流程如下:

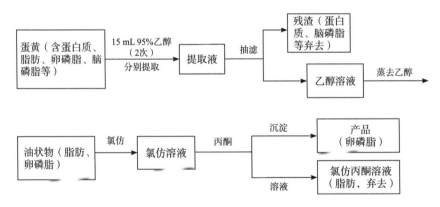

三、仪器和试剂

【仪器】研钵,布氏漏斗,抽滤装置,蒸发皿,棉花。

【试剂】20% NaOH 溶液,10% $Pb(Ac)_2$,1% $CuSO_4$ 溶液,硫酸,95% 乙醇,氯仿,熟鸡蛋黄,丙酮,碘化铋钾溶液。

四、实验步骤

1. 卵磷脂的提取

取熟鸡蛋蛋黄两只,于研钵中研细,先加入 15 mL 95％乙醇研磨,再加入 15 mL 95％乙醇充分研磨,减压过滤。布氏漏斗上的滤渣经充分挤压滤干后,移入研钵中,再加 15 mL 95％乙醇研磨。减压过滤,滤干后,合并二次滤液,如浑浊可再过滤一次[1],将澄清滤液移入蒸发皿内。

将蒸发皿置于沸水浴上加热,并不断搅拌蒸去乙醇至干[2],得到黄色油状物。冷却后,加入 5 mL 氯仿,搅拌使油状物完全溶解[3]。在搅拌下慢慢加入 15 mL 丙酮,即有卵磷脂析出,搅动使其尽量析出[4](溶液倒入回收瓶内)。

2. 卵磷脂的水解及其组成鉴定

(1)卵磷脂的水解

取一支干燥大试管,加入提取的一半量的卵磷脂,并加入 5 mL 20％氢氧化钠溶液,放入沸水浴中加热 10 min[5],用玻棒加以搅拌,使卵磷脂充分水解,冷却后,在玻璃漏斗中用棉花过滤。滤液供下面检查用。

(2)卵磷脂的组成鉴定

①甘油的检查:取试管一支,加入 1％硫酸铜溶液 1 mL 及 2 滴 20％氢氧化钠溶液,振摇,有氢氧化铜沉淀生成,加入 1 mL 水解液振摇,观察现象的变化[6]。

②胆碱的检查:取水解液 1 mL,滴加硫酸使其酸化(以 pH 试纸试之),加入 1 滴碘化铋钾溶液,观察现象的变化[7]。

③脂肪酸的检查:取棉花上沉淀少许,加 1 滴 20％氢氧化钠溶液与 5 mL 水,用玻棒搅拌使其溶解,在玻璃漏斗中用棉花过滤得澄明液,以硝酸酸化后加入 10％醋酸铅 2 滴,观察溶液的变化[8]。

五、注解和实验指导

[1]第一次减压过滤,因刚析出的醇中不溶物很细且有少许水分,滤出物浑浊,放置后继续有沉淀析出,需合并滤液后,以原布氏漏斗(不换滤纸)反复滤清。

[2]蒸去乙醇时,可能最后有少许水分,需搅动加速蒸发,务使蒸干。

[3]黄色油状物干后,蒸发皿壁上沾的油状物一定要使其溶于氯仿中,否

则会带入杂质。

[4]搅动时,析出的卵磷脂可黏附于玻棒上,成团状。

[5]加热时,会促使胆碱分解,产生三甲胺的臭味。

[6]生成的氢氧化铜沉淀,因水解液中的甘油与之反应,生成甘油铜,可看到沉淀溶解变成绛蓝色溶液。

[7]胆碱与碘化铋钾作用可生成砖红色沉淀。

[8]加硝酸酸化,脂肪酸析出,溶液变浑浊,加醋酸铅有脂肪酸铅盐生成,浑浊进一步明显。

六、思考题

1. 从蛋黄中分离卵磷脂根据什么原理?

2. 卵磷脂可以皂化,从结构分析上应做何解释?

5-4 从橙皮中提取柠檬烯

一、实验目的

1. 学习天然化合物中易挥发成分的提取与分离方法。

2. 掌握水蒸气蒸馏的原理、用途及操作。

二、实验原理

工业上常用水蒸气蒸馏的方法从植物组织中获取挥发性成分。这些挥发性成分的混合物统称精油,大多具有令人愉快的香味。从柠檬、橙子和柚子等水果的果皮中提取的精油90%以上是柠檬烯。它是一种单环萜,分子中有一个手性中心。其 S-(-)-异构体存在于松针油、薄荷油中,R-(+)-异构体存在于柠檬油、橙皮油中,外消旋体存在于香茅油中。

柠檬烯

本实验先用水蒸气蒸馏法把柠檬烯从橙皮中取出来,再用二氯甲烷萃取,蒸去二氯甲烷以获得精油,然后测定其折射率和比旋光度。

三、仪器与试剂

【仪器】水蒸气蒸馏装置,减压蒸馏装置,阿贝折光仪,旋光仪。

【试剂】橙子皮,二氯甲烷,95%乙醇。

四、实验步骤

将2～3个橙子皮[1]剪成碎片,投入250 mL烧瓶(B瓶)中,安装水蒸气蒸馏装置[2]。打开T形管的弹簧夹,加热水蒸气发生器至水沸腾,T形管的支管口有大量水蒸气冒出时夹紧弹簧夹,蒸气蒸馏即开始进行,可观察到在馏出液的水面上有很薄的油层。当收集馏出液60～70 mL时,打开弹簧夹,停止加热。

将馏出液加入分液漏斗中,用二氯甲烷萃取3次,每次10 mL。合并萃取液,置于干燥的50 mL锥形瓶中,加入适量无水硫酸钠干燥30 min以上。将干燥好的溶液滤入50 mL蒸馏烧瓶中,用水浴加热蒸馏,当二氯甲烷基本蒸完后改用水泵减压蒸馏以除去残留的二氯甲烷。最后蒸馏烧瓶中只留下少量橙黄色液体,即为橙油。测定橙油的折射率和比旋光度[3]。

纯柠檬烯沸点为176 ℃,折光率 n_D^0 为1.4727,比旋光度为 $[\alpha]_D^{20}=125.6°$。

五、注解和实验指导

[1]橙皮最好是新鲜的。如果没有,干的也行,但效果较差。

[2]也可用500 mL单口烧瓶加入250 mL水,按常压蒸馏装置进行简易水蒸气蒸馏。

〔3〕测旋光度时可将几个人所得柠檬烯合并起来,用 95％乙醇配成 5％溶液进行测定,用纯柠檬烯同样浓度的溶液进行比较。

六、思考题

1. 为什么要将橙皮剪碎?
2. 如何判断水蒸气蒸馏操作是否结束?

5-5 从黄连中提取黄连素

一、实验目的

1. 学习从中草药中提取生物碱的原理和方法。
2. 巩固固-液提取的装置及方法。

二、实验原理

黄连素(也称小檗碱)属于生物碱,是中草药黄连的主要有效成分(含量为 4％～10％)。除黄连外,黄柏、白屈菜、伏牛花、三颗针等中草药中也含有黄连素,其中黄连和黄柏中含量最高。

黄连素有抗菌、消炎、止泻的功效,对急性菌痢、急性肠炎、百日咳、猩红热等各种急性化脓性感染和各种急性外眼炎症有较好的疗效。黄连素是黄色针状晶体,微溶于水和乙醇,较易溶于热水和热乙醇,几乎不溶于乙醚。熔点为 145 ℃。黄连素的盐酸盐、氢碘酸盐、硫酸盐、硝酸盐均难溶于冷水,易溶于热水,故可用水对其进行重结晶,从而达到纯化的目的。黄连素存在三种互变异构体,但自然界多以季铵碱的形式存在。

（醇式）　　　　　　　（醛式）　　　　　　　（季铵碱式）

从黄连中提取黄连素,往往采用适当的溶剂(如乙醇、水、硫酸等),在索氏提取器中连续抽提,然后浓缩,再加酸进行酸化,得到相应的盐。粗产品可以采取重结晶等方法进一步提纯。

黄连素可被硝酸等氧化剂氧化,转变为樱红色的氧化黄连素。在强碱中黄连素部分转化为醛式黄连素,在此条件下,再加几滴丙酮,即可发生缩合反应,生成丙酮与醛式黄连素缩合的黄色沉淀产物。

三、仪器与试剂

【仪器】100 mL 圆底烧瓶,索氏提取器,球形冷凝管,电热套,蒸馏装置,布氏漏斗,抽滤装置。

【试剂】黄连粉(市售),95%乙醇,1%醋酸溶液,浓盐酸,丙酮,石灰乳,浓硫酸,浓硝酸,20%氢氧化钠,沸石。

四、实验步骤

1. 提取

在索氏提取器的提取瓶(100 mL 圆底烧瓶)中,加入 80 mL 95%乙醇及 2 粒沸石。另取 10 g 已磨细的黄连粉末,装入滤纸筒[1]内,轻轻压实,滤纸筒上口可塞一团脱脂棉。置于提取筒中,将提取筒插入圆底烧瓶瓶口内,装上球形冷凝管,接通冷凝水,加热回流,连续提取 1～1.5 h,待冷凝液刚虹吸下去时,立即停止加热,冷却。将仪器改装成蒸馏装置,蒸馏回收大部分乙醇,直到残留物呈棕红色糖浆状。

2. 黄连素提纯

向残留物中加入 1%醋酸溶液 30 mL,加热溶解,趁热过滤,以除去不溶物[2],再向溶液中滴加浓盐酸,至溶液浑浊为止(约需 10 mL),冰水浴冷却,即有黄色针状的黄连素盐酸盐析出。抽滤,结晶用冰水洗涤两次,再用丙酮洗涤一次,即得黄连素盐酸盐粗品。

在黄连素盐酸盐粗品中加入少量热水,再加入石灰乳,调节 pH 值至 8.5～9.5,煮沸使粗产品刚好完全溶解。趁热过滤,滤液自然冷却,即有黄色针状黄连素晶体析出。待晶体完全析出后,抽滤,结晶用冰水洗涤两次,晶体在 50～60 ℃下烘干,得黄连素纯品(熔点为 145 ℃)。

3. 产品检验

(1)取黄连素少许,加浓硫酸 2 mL,溶解后加几滴浓硝酸,即呈樱红色溶液。

（2）取黄连素约 50 mg，加蒸馏水 5 mL，缓缓加热，溶解后加 20％氢氧化钠溶液 2 滴，显橙色。冷却后过滤，滤液加丙酮 4 滴，即产生浑浊，放置后生成黄色的丙酮黄连素沉淀。

五、注解和实验指导

[1]滤纸筒的大小要适当，既要紧靠提取筒器壁，又能取放方便，其高度不得超过提取筒侧管上口，防止滤纸筒中黄连粉末漏出堵塞虹吸管。

[2]滴加浓盐酸前，不溶物要去除干净，否则影响产品的纯度。

六、思考题

1. 制备黄连素盐酸盐时加入醋酸的目的是什么？
2. 根据黄连素的性质，还可以用其他方法提取黄连素吗？

5-6　从槐花米中提取芦丁

一、实验目的

通过从槐米中提取芦丁的实验，掌握用酸碱调节法提取分离中药中弱酸性或弱碱性成分的方法，或从合成母液中分离弱酸性或弱碱性成分的方法。

二、实验原理

槐米也称槐花米，是中药槐花的花蕾。性凉、味苦，凉血、止血，主治肠风、痔血、便血等。槐花米的主要活性成分为芦丁，芦丁具有增强毛细血管韧性、提高毛细血管通透性的作用，适用于毛细血管脆弱患者的治疗。

芦丁又名芸香苷，存在于槐花米（含量可达 10％～20％）、荞麦叶等植物组织中。结构式如下：

芦丁是黄酮与糖(葡萄糖和鼠李糖)形成的苷,因具有黄酮类的结构母核而呈黄色。芦丁的黄酮部分连有许多酚羟基,易溶于碱液,酸化时又可析出,因此可采用酸调节法提取和分离芦丁。

纯芦丁为淡黄色针状结晶,不溶于乙醇和氯仿等有机溶剂。熔点为 188 ℃,带 3 个结晶水的芦丁熔点为 174～178 ℃。

三、仪器与试剂

【仪器】烧杯,抽滤装置,电热套。

【试剂】槐花米,饱和石灰水,5％盐酸。

四、实验步骤

称取 15 g 槐花米,用研钵(或粉碎机)研成粉状。置于 250 mL 烧杯中,加入 150 mL 饱和石灰水[1],电热套加热至沸,并不断搅拌,煮沸 15 min 后,抽滤[2]。滤渣再用 100 mL 饱和石灰水煮沸 10 min,抽滤。

合并两次滤液,用 5％盐酸调节至 pH 3～4[3]。放置 1～2 h,使沉淀完全,抽滤,并用水洗涤 2～3 次,即得芦丁粗品。

将粗品置于 250 mL 的烧杯中,加水 150 mL,加热至沸,不断搅拌,并慢慢加入约 50 mL 饱和石灰水,调节溶液 pH 8～9,待沉淀溶解后,趁热过滤。滤液置于 250 mL 的烧杯中,用 5％盐酸调节至 pH 4～5,静置 30 min,芦丁即以浅黄色结晶析出,抽滤,并用水洗涤 1～2 次,烘干,称重,测熔点。

五、注解和实验指导

[1]加入饱和石灰水既可达到用碱液提取芦丁的目的,同时,还可除去槐

花米中的多糖黏液质。

［2］抽滤时,宜先小心倾出上层清液,再慢慢倒出带沉淀的溶液,以防沉淀过早堵住滤纸孔。后面的抽滤均需如此。

［3］注意小心滴加,需 7～8 mL 稀盐酸。如果滴加过多,pH 值过低,芦丁(苷类)则易水解。

六、思考题

1. 本实验中,第一次用饱和石灰水加热提取后,用盐酸将提取液调回 pH 3～4;第二次加入饱和石灰水(调节 pH 8～9)溶解粗提物后,再用盐酸把 pH 值调到 4～5。第一次操作中,pH 值范围变化比较宽,第二次 pH 值范围变化比较窄,为什么? 如果反过来(先调窄后调宽)行不行?

2. 用酸调 pH 时,如果不小心,加入的稀盐酸过量,使 pH 值小于 3～4,请问对实验会产生什么影响? 为什么?

3. 根据这个实验,请总结用酸碱调节法提取中药活性成分的适用条件及一般原理。

5-7 从牛乳中分离提取酪蛋白和乳糖

一、实验目的

1. 掌握从牛乳中分离酪蛋白的原理和操作方法。
2. 巩固旋光度测定和薄层色谱分析的实验方法。

二、实验原理

牛乳中含有多种蛋白质,它们有着不同的性质。在脱脂牛乳的蛋白质中,酪蛋白约占 80%。酪蛋白是一类含磷蛋白质的复杂混合物。利用等电点时溶解度最低的原理,将牛乳的 pH 值调到 4.7(酪蛋白的等电点)时,酪蛋白就沉淀析出,再用乙醇和乙醚洗涤沉淀,除去脂类杂质,便可制得纯酪蛋白。

牛乳经脱脂和去掉蛋白质后,所得溶液即为乳清。乳清中含有的糖类物质主要为乳糖。乳糖是一种还原性二糖,为白色结晶或结晶性粉末;甜度约为蔗糖的 70%,易压缩成形,吸水性低;它是唯一由哺乳动物合成的糖,是在乳腺中合成的。乳糖是成长中的婴儿维持其脑和其他神经组织发育所需的物质。乳糖不溶于乙醇,所以当将乙醇混入水溶液中时,乳糖就会结晶出来,从而达到分离的目的。

三、仪器与试剂

【仪器】100 mL 烧杯,低速离心机,蒸发皿,抽滤装置,布氏漏斗,天平,旋光仪。

【试剂】鲜牛乳,pH 值为 4.7 的乙酸-乙酸钠缓冲溶液,0.2 mol·L^{-1}乙酸溶液,95%乙醇,乙醚,氯化钠,1%硫酸铜溶液,浓硝酸,茚三酮。

四、实验步骤

1. 酪蛋白的分离与鉴定

(1)酪蛋白的分离

取 30 mL 鲜牛乳[1],置于 100 mL 烧杯中,加热至 40 ℃。在搅拌下慢慢加入预热至 40 ℃、pH 值为 4.7 的乙酸-乙酸钠缓冲溶液[2]40 mL,用精密 pH 试纸或酸度计检查 pH 值,再用 0.2 mol·L^{-1}乙酸溶液调 pH 值至 4.7[3],静置,冷至室温。悬浮液出现大量沉淀后,转移至离心管中,在 3500 r/min 下离心 10 min,上清液经漏斗过滤于蒸发皿中,做乳糖的分离与鉴定。所得沉淀为酪蛋白的粗制品。用 40 mL 蒸馏水洗涤沉淀,将沉淀搅起,同上离心分离,弃去上清液。加入 30 mL 95%乙醇,把沉淀充分搅起形成悬浊液,将其转移到布氏漏斗中抽滤,先用 30 mL 95%乙醇洗涤,再用 30 mL 乙醚洗涤,最后抽干,制得酪蛋白。将酪蛋白白色粉末摊在表面皿上风干,称重,计算牛乳中酪蛋白的含量[牛乳中酪蛋白理论含量为 3.5 g/(100 mL)]。

取 0.5 g 酪蛋白,溶于 5 mL 0.4 mol·L^{-1}氯化钠水溶液中,用于蛋白质的颜色反应。

(2)酪蛋白的分离

缩二脲反应:取试管一支,加入酪蛋白溶液 5 滴和 5% NaOH 溶液 5 滴,摇匀后加入 1%硫酸铜溶液 1~2 滴[4]。振摇试管,观察颜色变化。

黄蛋白反应:取试管一支,加入酪蛋白溶液 10 滴和浓硝酸 3 滴,水浴中加热,生成黄色硝基化合物。冷却后再加入 5% NaOH 溶液 15 滴,溶液呈橘黄色。

茚三酮反应:取试管一支,加入酪蛋白溶液 10 滴,然后加茚三酮试剂

4 滴,加热煮沸,即有蓝紫色出现。

2. 乳糖的分离与鉴定

(1)乳糖的分离

将上面所得的上清液置于蒸发皿中,用小火浓缩至 5 mL,冷却后,加入 95%乙醇 10 mL,冰浴中冷却,用玻璃棒搅拌摩擦,使乳糖析出完全,减压过滤,用 95%乙醇洗涤晶体两次(每次 5 mL),即得粗乳糖晶体。

将粗乳糖晶体溶于 5 mL 50～60 ℃ 的热水中,滴加 95%乙醇至产生混浊,水浴加热至混浊消失,冷却,减压过滤,用 95%乙醇洗涤晶体两次,干燥后得含一结晶水的纯乳糖。

(2)乳糖的变旋现象

精确称取 1.25 g 乳糖,用少量蒸馏水溶解,转入 25 mL 容量瓶中定容,将溶液装入旋光管中,每隔 1 min 测定一次,至少测定 6 次,8 min 内完成,记录数据。10 min 后,每隔 2 min 测定一次,至少测 8 次,20 min 内完成,记录数据,计算比旋光度。

五、注解和实验指导

[1]牛奶在实验前不能放置太久,若时间过长,则其中的乳糖慢慢变为乳酸而影响乳糖分离。

[2]0.2 mol·L⁻¹ pH 值为 4.7 的乙酸-乙酸钠缓冲溶液的配制方法如下:

先分别配制 A 液和 B 液。

A 液(0.2 mol·L⁻¹乙酸钠溶液):称取分析纯乙酸钠(NaAc·3H₂O) 27.22 g,溶于蒸馏水中,定容至 1000 mL。

B 液(0.2 mol·L⁻¹乙酸溶液):称取分析纯冰乙酸(含量大于 99.8%) 12.0 g,溶于蒸馏水中,定容至 1000 mL。

取 A 液 885 mL 和 B 液 615 mL 混合,即得 pH 值为 4.7 的乙酸-乙酸钠缓冲溶液 1500 mL。

[3]加入的乙酸不可过量,过量的酸会促使牛奶中的乳糖慢慢水解为半乳糖和葡萄糖。

[4]硫酸铜不能加多了,否则产生蓝色的氢氧化铜沉淀,干扰对实验现象的观察。

六、思考题

1. 为什么在牛乳中加入缓冲溶液后,还要再加几滴 $0.2\ mol \cdot L^{-1}$ 乙酸溶液?

2. 为什么乳糖具有变旋现象?

第六章　设计性实验

6-1　从茶叶中提取茶多酚

一、实验目的

1. 参考从茶叶中提取咖啡因的方法,设计从茶叶中提取茶多酚的实验方案。

2. 学习查阅文献资料,设计实验方案,撰写实验报告。

二、实验原理

茶多酚(tea polyphenols)是茶叶中儿茶素类、丙酮类、酚酸类和花色素类化合物的总称,主要是由儿茶素、黄酮醇、花色素、酚酸及其缩酚酸等组成的有机化合物,其中以黄烷醇类物质(儿茶素)最为重要,占茶多酚总量的 $60\% \sim 80\%$,其中含量最高的几种组分为 $L\text{-}EGCG(50\% \sim 60\%)$、$L\text{-}EGC(15\% \sim 20\%)$、$L\text{-}ECG(10\% \sim 15\%)$ 和 $L\text{-}EC(5\% \sim 10\%)$。茶多酚在常温下为浅黄或浅绿色粉末,易溶于温水($40 \sim 80$ ℃)和含水乙醇中;稳定性极强,在 pH 值 $4 \sim 8$、250 ℃左右的环境中,1.5 h 内均能保持稳定,在三价铁离子下易分解。茶多酚又称茶鞣或茶单宁,是形成茶叶色香味的主要成分之一,也是茶叶中有保健功能的主要成分之一。研究表明,茶多酚等活性物质具解毒和抗辐射作用,能有效地阻止放射性物质侵入骨髓,并可使 ^{90}Sr 和 ^{60}Co 迅速排出体外,还具有抗癌、抗衰老、清除人体自由基、降低血糖血脂等一系列重要药理功能。茶多酚是从茶叶中提取的全天然抗氧化食品,具有抗氧化能力强、无毒副作用、无异味等特点。1989 年被中国食品添加剂协会列入 GB 2760—89 食品添加剂使用标准,1997 年列为中成药原料。近年来,茶多酚在食品加工、医药保健、日用化工、农业生产等领域有重要应用。

三、实验要求

1. 试参考茶叶中提取咖啡因的方法，从绿茶或红茶中提取茶多酚。要求提取率达到 80% 以上，提纯纯度大于 85%。

2. 查阅相关文献，拟定茶多酚提取及纯化方案，并提前交予指导老师批阅。

3. 设计可行的实验方案和实验装置，考察提取工艺参数（如萃取剂、料液比、萃取时间等）对提取率和产品质量的影响。

4. 建立合适的产品提纯方法，以及简便、准确的分析检测方法。

5. 分析提纯过程中考虑如何减少茶多酚的氧化，提高产品质量。

6. 提出实验中可能出现的问题及应对的处理方法。

7. 实验完成后写出详细、完整的实验报告。

6-2　全透明工艺皂的制备

一、实验目的

1. 了解全透明工艺皂的性能、特点和用途。

2. 熟悉全透明工艺皂配方中各种原料的作用。

3. 掌握全透明工艺皂制备的方法和操作技巧。

4. 学习查阅文献资料，设计实验方案，撰写实验报告。

二、实验原理

全透明工艺皂是肥皂中的一大种类，外观晶莹透明，起泡迅速，泡沫丰富，对皮肤刺激性低，用于清洁、滋润、保湿皮肤。随着人民生活水平的提高以及消费行为的个性化、时尚化，全透明工艺香皂已日益受到消费者的喜爱。特别是近几年，消费者的个性化洗涤习惯在悄然发生变化，绿色高效、安全环保、洗护合一的消费理念已成为人们的共识，而全透明皂恰恰顺应了人们的需求。

全透明工艺皂的制备方法主要有加入物法、脂肪酸复配法、氨基酸表面活性剂法和透明皂基法等。其中，脂肪酸复配法是选择 $C_{12} \sim C_{18}$ 的多种脂肪酸作为原料以代替油脂，加适量碱中和，再加透明剂制得全透明工艺皂。它的优点是透明性好、皂化时间短、原料成品易控制、一次注模成型。

全透明工艺皂的制作是以十二烷基脂肪酸(月桂酸)、十四烷基脂肪酸(豆蔻酸)、十八烷基脂肪酸(硬脂酸)、蓖麻油[1](主要含蓖麻酸)等脂肪酸为原料,与氢氧化钠[2]溶液发生中和反应,反应式如下:

$$RCOOH + NaOH \longrightarrow RCOONa + H_2O$$

$$R = -C_{11}H_{23}, -C_{13}H_{27}, -C_{17}H_{35}, -C_5H_{10}CH(OH)CH_2CH = CH(CH_2)_7CH_3$$

在中和时加入乙醇,一方面可增加脂肪酸的溶解度,使反应快速完全;另一方面可有效提高透明度。还加入糖、多元醇、聚乙二醇作为透明剂促使肥皂透明,这些物质又是很好的皮肤保湿剂。

三、实验要求

1. 查阅相关文献,根据实验室的条件,拟定实验方案,并提前交予指导老师批阅。

2. 设计可行的实验方案和实验装置,包括试剂配制方法、分析步骤等。

3. 按拟定方案进行实验,若实验中发现问题,应及时对实验方案进行修正。

4. 实验完成后写出详细、完整的实验报告。

四、注释

[1]转移蓖麻油时,量筒内会有残留,可用大约 5 mL 的乙醇清洗量筒。

[2]氢氧化钠的用量根据各酸的皂化值计算而得,过少,肥皂中会有残留的脂肪酸,透明度降低,适当增加氢氧化钠用量会使透明皂的去污能力提高,但对皮肤的刺激性也会随之加大。

6-3　芹菜中芹菜素的提取

一、实验目的

1. 学习从芹菜中提取芹菜素的原理及方法。

2. 学习查阅文献资料,设计实验方案,撰写实验报告。

二、实验原理

芹菜为伞形科芹菜属草本植物,具有降血压、清热、止血、降脂、减肥等多种生理效用。研究发现,芹菜具有的大部分生理功效都与其含有的芹菜素(5,7-二羟基-2-(4-羟基苯基)-4H-苯并吡喃-4-酮)有关。芹菜素分子式为$C_{15}H_{10}O_3$,相对分子质量为 270.25;为黄色针状晶体,熔点为 345～350 ℃,几乎不溶于水,部分溶于热乙醇,溶于稀氢氧化钾溶液。其结构式为:

芹菜素属于黄酮类物质,目前黄酮类物质的提取方法主要有四种,分别是溶剂提取法、超声波(辅助)提取法、微波(辅助)提取法、超临界流体提取法。

三、实验要求

1. 查阅相关文献,拟定实验方案,并提前交予指导老师批阅。

2. 设计可行的芹菜素提取实验方案和实验装置,包括原材料预处理、提取方法、提取实验条件等。

3. 设计产品的分析与鉴定方法[1](物理或化学方法)。

4. 按拟定方案进行实验,若实验中发现问题,应及时对实验方案进行修正。

5. 实验完成后写出详细、完整的实验报告。

四、注释

[1]可用光度法进行定量分析,测熔点进行鉴定。

附录

附录一　常用元素相对原子质量表

元素名称	相对原子质量	元素名称	相对原子质量
银 Ag	107.87	锂 Li	6.941
铝 Al	26.98	镁 Mg	24.31
硼 B	10.81	锰 Mn	54.938
溴 Br	79.904	氮 N	14.007
碳 C	12.01	钠 Na	22.99
钙 Ca	40.08	镍 Ni	58.69
氯 Cl	35.45	氧 O	15.999
铬 Cr	51.996	磷 P	30.97
铜 Cu	63.55	铅 Pb	207.2
氟 F	18.998	钯 Pd	106.4
铁 Fe	55.847	铂 Pt	195.084
氢 H	1.008	硫 S	32.065
汞 Hg	200.59	硅 Si	28.086
碘 I	126.904	锡 Sn	118.71
钾 K	39.10	锌 Zn	65.409

附录二　实验室常用有机试剂的物理常数

试剂	相对分子质量	相对密度	熔点/℃	沸点/℃	折光率
甲醇	32.04	0.7920	−93.9	64.96	1.3288
乙醇	46.07	0.7893	−117.3	78.4	1.3614
正丙醇	60.11	0.8035	−126.5	97.4	1.3850
异丙醇	60.11	0.7855	−89.5	82.4	1.3776
甲苯	92.14	0.8650	−95	110.6	1.4967

续表

试剂	相对分子质量	相对密度	熔点/℃	沸点/℃	折光率
苯	78.11	0.8790	5.5	80.1	1.5011
甲酸	46.03	1.220	8.4	100.8	1.3174
乙酸	60.05	1.0490	15.7	118	1.3718
乙醚	74.12	0.7135	−116.2	34.5	1.3526
丙酮	58.08	0.7898	−94.6	56.5	1.3590
苯胺	93.13	1.0210	−6.2	184.4	1.5863
乙酸乙酯	88.12	0.9005	−83.6	77.1	1.3723
乙酰乙酸乙酯	130.14	1.0250	−45	180	1.1940
苯甲醛	106.12	1.0460	−26	179	1.5460
乙二醇	62.07	1.1132	−11.5	197.2	1.4306
甲醛	30.03	1.0900	−15	96	1.3765
乙腈	41.05	0.7860	−46	81~82	1.3440
乙醛	44.05	0.7850	−125	21	1.3320
四氢呋喃	72.11	0.8890	−108	65~67	1.4070
环氧氯丙烷	92.53	1.1830	−57	115~117	1.4380
二甲亚砜	78.13	1.1010	18.4	189	1.4790
丙三醇	92.09	1.2610	20	290	1.4740
苯酚	94.11	1.0710	40~42	182	1.5418
二氯亚砜	118.96	1.6300	−105	76	1.5190
正己烷	86.12	0.6590	−95	69	1.3750
乙酰氯	78.05	1.1040	−112	25	1.3890
N,N-二甲基甲酰胺	73.09	0.9487	−61	153	1.4304
氯仿	119.38	1.4890	−64	61	1.4458
四氯化碳	153.84	1.5940	−23	76.8	1.4601
乙酸酐	102.09	1.082	−73.1	140.0	1.3901
1-溴丁烷	137.03	1.2758	−112.4	101.6	1.4401
环己醇	100.16	0.9624	25.15	161.1	1.4641
环己酮	98.15	0.9478	−16.4	155.65	1.4507

附录三 试剂规格和适用范围

等级	名称	英文名称	符号	标签颜色	适用范围
一级品	优级纯（保证试剂）	guarantee reagent	GR	绿色	用于精密的科学研究和化学分析工作
二级品	分析纯	analytical reagent	AR	红色	用于一般的科学研究和化学分析工作
三级品	化学纯	chemical pure	CP	蓝色	用于化学实验教学和工业分析工作
四级品	实验试剂	laboratory reagent	LR	棕色或黄色	用于普通的制备实验

附录四 常用酸碱试剂的密度和浓度

试剂名称	化学式	相对分子质量	相对密度/(g·mL^{-1})	质量分数/%	物质量的浓度/(mol·L^{-1})
浓硫酸	H_2SO_4	98.08	1.84	96	18
浓盐酸	HCl	36.46	1.19	37	12
浓硝酸	HNO_3	63.01	1.42	70	16
浓磷酸	H_3PO_4	98.00	1.69	85	15
冰醋酸	CH_3COOH	60.05	1.05	99	17
高氯酸	$HClO_4$	100.46	1.67	70	12
浓氢氧化钠	NaOH	40.00	1.43	40	14
浓氨水	$NH_3 \cdot H_2O$	17.03	0.90	28	15

附录五　水的饱和蒸气压

温度 /℃	蒸气压 /kPa	温度 /℃	蒸气压 /kPa	温度 /℃	蒸气压 /kPa	温度 /℃	蒸气压 /kPa
0	0.611	26	3.363	52	13.623	78	43.665
1	0.657	27	3.567	53	14.303	79	45.487
2	0.706	28	3.782	54	15.012	80	47.373
3	0.758	29	4.008	55	15.752	81	49.324
4	0.814	30	4.246	56	16.522	82	51.342
5	0.873	31	4.495	57	17.324	83	53.428
6	0.935	32	4.758	58	18.159	84	55.585
7	1.002	33	5.034	59	19.028	85	57.815
8	1.073	34	5.323	60	19.932	86	60.119
9	1.148	35	5.627	61	20.873	87	62.499
10	1.228	36	5.945	62	21.851	88	64.958
11	1.313	37	6.280	63	22.868	89	67.496
12	1.403	38	6.630	64	23.925	90	70.117
13	1.498	39	6.997	65	25.022	91	72.823
14	1.599	40	7.381	66	26.163	92	75.614
15	1.706	41	7.784	67	27.347	93	78.494
16	1.819	42	8.205	68	28.576	94	81.465
17	1.938	43	8.646	69	29.852	95	84.529
18	2.064	44	9.108	70	31.176	96	87.688
19	2.198	45	9.590	71	32.549	97	90.945
20	2.339	46	10.094	72	33.972	98	94.301
21	2.488	47	10.620	73	35.448	99	97.759
22	2.645	48	11.171	74	36.978	100	101.320
23	2.810	49	11.745	75	38.563		
24	2.985	50	12.344	76	40.205		
25	3.169	51	12.970	77	41.905		

附录六 常用酸碱溶液相对密度及质量分数

1. 盐酸

HCl 质量分数/%	相对密度/(g·mL^{-1})	100 mL 水溶液中含 HCl 的质量/g	HCl 质量分数/%	相对密度/(g·mL^{-1})	100 mL 水溶液中含 HCl 的质量/g
1	1.0032	1.003	22	1.1083	24.38
2	1.0082	2.006	24	1.1187	26.85
4	1.0181	4.007	26	1.1290	29.35
6	1.0279	6.167	28	1.1392	31.90
8	1.0376	8.301	30	1.1492	34.48
10	1.0474	10.47	32	1.1593	37.10
12	1.0574	12.69	34	1.1691	39.75
14	1.0675	14.95	36	1.1789	42.44
16	1.0776	17.24	38	1.1885	45.16
18	1.0878	19.58	40	1.1980	47.92
20	1.0980	21.96			

2. 硫酸

H$_2$SO$_4$ 质量分数/%	相对密度/(g·mL^{-1})	100 mL 水溶液中含 H$_2$SO$_4$ 的质量/g	H$_2$SO$_4$ 质量分数/%	相对密度/(g·mL^{-1})	100 mL 水溶液中含 H$_2$SO$_4$ 的质量/g
1	1.0051	1.005	65	1.5533	101.0
2	1.0118	2.024	70	1.6105	112.7
3	1.0184	3.055	75	1.6692	125.2
4	1.0250	4.100	80	1.7272	138.2
5	1.0317	5.159	85	1.7786	151.2
10	1.0661	10.66	90	1.8144	163.3
15	1.1020	16.53	91	1.8195	165.6

续表

H_2SO_4质量分数/%	相对密度/($g \cdot mL^{-1}$)	100 mL 水溶液中含 H_2SO_4的质量/g	H_2SO_4质量分数/%	相对密度/($g \cdot mL^{-1}$)	100 mL 水溶液中含 H_2SO_4的质量/g
20	1.1394	22.79	92	1.8240	167.8
25	1.1783	29.46	93	1.8279	170.2
30	1.2185	36.56	94	1.8312	172.1
35	1.2599	44.10	95	1.8337	174.2
40	1.3028	52.11	96	1.8355	176.2
45	1.3476	60.64	97	1.8364	178.1
50	1.3951	69.76	98	1.8361	179.9
55	1.4453	79.49	99	1.8342	181.6
60	1.4983	89.90	100	1.8305	183.1

3. 硝酸

HNO_3质量分数/%	相对密度/($g \cdot mL^{-1}$)	100 mL 水溶液中含 HNO_3的质量/g	HNO_3质量分数/%	相对密度/($g \cdot mL^{-1}$)	100 mL 水溶液中含 HNO_3的质量/g
1	1.0036	1.004	65	1.3913	90.43
2	1.0091	2.018	70	1.4134	98.94
3	1.0146	3.044	75	1.4337	107.5
4	1.0201	4.080	80	1.4521	116.2
5	1.0256	5.128	85	1.4686	124.8
10	1.0543	10.54	90	1.4826	133.4
15	1.0842	16.26	91	1.4850	135.1
20	1.1150	22.30	92	1.4873	136.8
25	1.1469	28.67	93	1.4892	138.5
30	1.1800	35.40	94	1.4912	140.2
35	1.2140	42.94	95	1.4932	141.9

续表

HNO₃ 质量 分数/%	相对密度/ (g·mL⁻¹)	100 mL 水溶液 中含 HNO₃ 的质量/g	HNO₃ 质量 分数/%	相对密度/ (g·mL⁻¹)	100 mL 水溶液 中含 HNO₃ 的质量/g
40	1.2463	49.85	96	1.4952	143.5
45	1.2783	57.52	97	1.4974	145.2
50	1.3100	65.50	98	1.5008	147.1
55	1.3393	73.60	99	1.5056	149.1
60	1.3667	82.00	100	1.5129	151.3

4. 醋酸

CH₃COOH 质量分数/%	相对密度/ (g·mL⁻¹)	100 mL 水溶液 中含 CH₃COOH 的质量/g	CH₃COOH 质量分数/%	相对密度/ (g·mL⁻¹)	100 mL 水溶液 中含 CH₃COOH 的质量/g
1	0.9996	0.9996	65	1.0666	69.33
2	1.0012	2.002	70	1.0685	74.80
3	1.0025	3.008	75	1.0696	80.22
4	1.0040	4.016	80	1.0700	85.60
5	1.0055	5.028	85	1.0689	90.86
10	1.0125	10.13	90	1.0661	95.95
15	1.0195	15.29	91	1.0652	96.93
20	1.0263	20.53	92	1.0643	97.92
25	1.0326	25.82	93	1.0632	98.88
30	1.0384	31.15	94	1.0619	99.82
35	1.0438	36.53	95	1.0605	100.7
40	1.0488	41.95	96	1.0588	101.6
45	1.0534	47.40	97	1.0570	102.5
50	1.0575	52.88	98	1.0549	103.4
55	1.0611	58.36	99	1.0524	104.2
60	1.0642	63.85	100	1.0498	105.0

5. 发烟硫酸

游离 SO_3 质量分数/%	相对密度/ (g·mL^{-1})	100 mL 水溶液中含 SO_3 的质量/g	游离 SO_3 质量分数/%	相对密度/ (g·mL^{-1})	100 mL 水溶液中含 SO_3 的质量/g
1.54	1.860	2.8	10.07	1.900	19.1
2.66	1.865	5.0	10.56	1.905	20.1
4.28	1.870	8.0	11.43	1.910	21.8
5.44	1.875	10.2	13.33	1.915	25.5
6.42	1.880	12.1	15.95	1.920	30.6
7.29	1.885	13.7	18.67	1.925	35.9
8.16	1.890	15.4	21.34	1.930	41.2
9.43	1.895	17.7	25.65	1.935	49.6

6. 氢氧化钠

NaOH 质量分数/%	相对密度/ (g·mL^{-1})	100 mL 水溶液中含 NaOH 的质量/g	NaOH 质量分数/%	相对密度/ (g·mL^{-1})	100 mL 水溶液中含 NaOH 的质量/g
1	1.0095	1.010	26	1.2848	33.40
2	1.0207	2.041	28	1.3064	36.58
4	1.0428	4.171	30	1.3279	39.84
6	1.0648	6.389	32	1.3490	43.17
8	1.0869	8.695	34	1.3696	46.57
10	1.1089	11.09	36	1.3900	50.04
12	1.1309	13.57	38	1.4101	53.58
14	1.1530	16.14	40	1.4300	57.20
16	1.1751	18.80	42	1.4494	60.87
18	1.1972	21.55	44	1.4685	64.61
20	1.2191	24.38	46	1.4873	68.42
22	1.2411	27.30	48	1.5065	72.31
24	1.2629	30.31	50	1.5253	76.27

7. 氢氧化钾

KOH 质量分数/%	相对密度/（g·mL⁻¹）	100 mL 水溶液中含 KOH 的质量/g	KOH 质量分数/%	相对密度/（g·mL⁻¹）	100 mL 水溶液中含 KOH 的质量/g
1	1.0083	1.008	28	1.2695	35.55
2	1.0175	2.035	30	1.2905	38.72
4	1.0359	4.144	32	1.3117	41.97
6	1.0544	6.326	34	1.3331	45.33
8	1.0730	8.584	36	1.3549	48.78
10	1.0918	10.92	38	1.3765	52.32
12	1.1108	13.33	40	1.3991	55.96
14	1.1299	15.82	42	1.4215	59.70
16	1.1493	19.70	44	1.4443	63.55
18	1.1688	21.04	46	1.4673	67.50
20	1.1884	23.77	48	1.4907	71.55
22	1.2083	26.58	50	1.5143	75.72
24	1.2285	29.48	52	1.5382	79.99
26	1.2489	32.47			

8. 碳酸钠

$NaCO_3$ 质量分数/%	相对密度/（g·mL⁻¹）	100 mL 水溶液中含 $NaCO_3$ 的质量/g	$NaCO_3$ 质量分数/%	相对密度/（g·mL⁻¹）	100 mL 水溶液中含 $NaCO_3$ 的质量/g
1	1.0086	1.009	12	1.1244	13.49
2	1.0190	2.038	14	1.1463	16.05
4	1.0398	4.159	16	1.1682	18.50
6	1.0606	6.364	18	1.1905	21.33
8	1.0816	8.653	20	1.2132	24.26
10	1.1029	11.03			

9. 氨水

NH₃质量分数/%	相对密度/(g·mL⁻¹)	100 mL 水溶液中含 NH₃ 的质量/g	NH₃质量分数/%	相对密度/(g·mL⁻¹)	100 mL 水溶液中含 NH₃的质量/g
1	0.9939	9.94	16	0.9362	149.8
2	0.9895	19.79	18	0.9295	167.3
4	0.9811	39.24	20	0.9229	184.6
6	0.9730	58.38	22	0.9164	201.6
8	0.9651	77.21	24	0.9101	218.4
10	0.9575	95.75	26	0.9040	235.0
12	0.9501	114.0	28	0.8980	251.4
14	0.9430	132.0	30	0.8920	267.6

附录七　与水形成的二元共沸物

溶剂	沸点/℃	共沸点/℃	含水量/%	溶剂	沸点/℃	共沸点/℃	含水量/%
氯仿	61.2	56.3	3.0	正丙醇	97.2	88.1	28.2
苯	80.1	69.4	8.9	异丁醇	108.4	89.7	30.0
丙烯腈	78.0	70.0	13.0	正丁醇	117.7	93.0	44.5
二氯乙烷	83.7	72.0	19.5	二甲苯	137～140.5	92.0	35.0
乙腈	82.0	76.5	16.3	吡啶	115.1	92.6	43.0
乙醇	78.5	78.5	4.4	异戊醇	131.0	95.2	49.6
乙酸乙酯	77.1	70.4	8.1	正戊醇	138.3	95.4	54.0
苯丙醇	82.4	80.4	12.2	氯乙醇	129.0	97.8	57.7
甲苯	110.5	85.0	20.2	乙醚	34.5	34.2	1.3

附录八　与水形成的三元共沸物

第一组分		第二组分		第三组分		沸点/℃
名称	质量分数/%	名称	质量分数/%	名称	质量分数/%	
水	7.8	乙醇	9.0	乙酸乙酯	83.2	70.3
水	4.3	乙醇	9.7	四氯化碳	86.0	61.8
水	7.4	乙醇	18.5	苯	74.1	64.9
水	7	乙醇	17	环己烷	76	62.1
水	3.5	乙醇	4.0	氯仿	92.5	55.5
水	7.5	异丙醇	18.7	苯	73.8	66.5
水	0.81	二硫化碳	75.21	丙酮	23.98	38.04

参考文献

[1]何树华,朱晔,张向阳.有机化学实验[M].2版.武汉:华中科技大学出版社,2021.

[2]林辉.有机化学实验[M].5版.北京:中国中医药出版社,2021.

[3]邵荣.有机化学实验[M].北京:化学工业出版社,2021.

[4]房芳,谭斌.有机化学实验[M].北京:高等教育出版社,2020.

[5]石先莹,薛东.有机化学实验[M].北京:高等教育出版社,2020.

[6]姚刚,王红梅.有机化学实验[M].2版.北京:化学工业出版社,2018.

[7]李柱来.有机化学实验[M].北京:人民卫生出版社,2018.

[8]熊万明,郭冰之.有机化学实验[M].北京:北京理工大学出版社,2017.

[9]兰州大学.有机化学实验[M].北京:高等教育出版社,2017.

[10]高占先,于丽梅.有机化学实验[M].5版.北京:高等教育出版社,2016.

[11]章鹏飞.有机化学实验[M].北京:浙江大学出版社,2013.

[12]任玉杰.绿色有机化学实验[M].北京:化学工业出版社,2008